김치 해썹(HACCP)관리

식품의약품안전처 · 한국식품안전관리인증원

이 책자의 내용은 '기타김치'에 대한 조사·연구 및 기존 인증업체의 실험결과 등을 바탕으로 작성된 것으로 업체에서 해썹을 운영하기 위해 필요한 핵심적인 관리기준을 제시하였으므로 업체 실정에 맞게 수정·보완하여 활용하시기 바랍니다.

목 차

제·개정 이력 1

[HACCP관리기준서] 2
  1. 총칙 5
  2. 용어의 정의 5
  3. HACCP팀 구성 8
  4. 제품설명서 작성 및 제품의 용도확인 15
  5. 공정흐름도 작성 19
  6. 위해요소 분석 23
  7. 중요관리점 결정 40
  8. 한계기준 설정 44
  9. 모니터링 체계 확립 46
  10. 개선조치 방법 설정 48
  11. HACCP plan 50
  12. 검증 55
  13. 문서화 및 기록유지 63
  14. 교육 훈련 68

[선행요건관리기준서] 74
  1. 총칙 76
  2. 영업장 관리 86
  3. 위생 관리 92
  4. 제조 시설·설비 관리 116
  5. 냉장·냉동 시설·설비 관리 118
  6. 용수 관리 119
  7. 보관·운송 관리 121
  8. 검사 관리 124
  9. 회수프로그램 관리 128
  10. 첨부, 기록 및 보관 133

제·개정이력

년 월 일	제(개)정내용	제(개)정사유	작성	승인
2016.00.00	최초 제정	HACCP 적용을 위한 제정		
2016.00.00	양식 및 내용 수정 보완	최초 검증에 따른 개선조치		

관리기준서 작성 요령

☐ 파란색 또는 빨간색으로 진하게 되어 있는 내용 ▶ 종사자는 총 00명 ☐ 예시 또는 [예시] OOO ▶ 조직도 예시 ▶ [예시] 중요관리점(CCP)	→	자사 기준으로 수정 및 보완하여 작성
☐ 작성TIP ▶ ☞ TIP ☜ 영업신고증의 내용과 동일하게 작성	→	작성 이해를 돕는 문구로 이해 후 삭제 가능

☞ TIP ☜ 기준서 작성과 관련된 담당자들의 수기 서명 기록
☞ TIP ☜ 개정 이후에는 반드시 내용 작성과 수기 서명 기록

HACCP관리기준 예시

HACCP관리

(업 체 명)

HACCP관리 목차

1. 총칙 ··· 5

2. 용어의 정의 ··· 5

3. HACCP팀 구성 ··· 8

4. 제품설명서 작성 및 제품의 용도확인 ···························· 15

5. 공정흐름도 작성 ··· 19

6. 위해요소 분석 ··· 23

7. 중요관리점 결정 ··· 40

8. 한계기준 설정 ··· **44**

9. 모니터링 체계 확립 ··· 46

10. 개선조치 방법 설정 ··· 48

11. HACCP plan ··· 50

12. 검증 ··· **55**

13. 문서화 및 기록유지 ··· 63

14. 교육 훈련 ··· 68

HACCP의 7원칙이란?

☐ HACCP 7원칙이란, HACCP을 적용하기 위한 기본적인 절차로 "위해요소분석", "중요관리점", "한계기준", "모니터링", "개선조치", "검증", "문서화 및 기록유지방법 설정"을 말한다.

원칙 1	위해요소 분석	식품·축산물 안전에 영향을 줄 수 있는 위해요소와 이를 유발할 수 있는 조건이 존재하는지 여부를 판별하기 위하여 필요한 정보를 수집하고 평가하는 일련의 과정을 말한다.
원칙 2	중요관리점	안전관리인증기준(HACCP)을 적용하여 식품·축산물의 위해요소를 예방·제어하거나 허용 수준 이하로 감소시켜 당해 식품·축산물의 안전성을 확보할 수 있는 중요한 단계·과정 또는 공정을 말한다.
원칙 3	한계기준	중요관리점에서 위해요소 관리가 허용범위 이내로 충분히 이루어지고 있는지 여부를 판단할 수 있는 기준이나 기준치를 말한다.
원칙 4	모니터링	중요관리점에 설정된 한계기준을 적절히 관리하고 있는지 여부를 확인하기 위하여 수행하는 일련의 계획된 관찰이나 측정하는 행위 등을 말한다.
원칙 5	개선조치	모니터링 결과 중요관리점의 한계기준을 이탈할 경우에 취하는 일련의 조치를 말한다.
원칙 6	검증	안전관리인증기준(HACCP) 관리계획의 유효성과 실행 여부를 정기적으로 평가하는 일련의 활동(적용 방법과 절차, 확인 및 기타 평가 등을 수행하는 행위를 포함한다)을 말한다.
원칙 7	문서화 및 기록유지 방법 설정	"위해요소분석"부터 "검증"까지 설정된 기준과 기록을 문서화하고 관리하는 것을 말한다.

(회사로고)	**HACCP관리기준** **총칙, 용어의 정의**

1. 적용 범위

본 관리기준은 OOO(이하 "당사"라 한다)에서 제조 판매되는 기타김치에 대한 식품안전관리인증기준(Hazard Analysis Critical Control Point : HACCP) 적용과 관련하여 HACCP팀 구성 및 역할, 제품과 그에 따른 공정, 각종 위해요소 분석, CCP결정, CCP별 HACCP Plan 작성, 생산 작업의 점검, 기록 및 문서관리, 교육·훈련, 검증 등의 모든 HACCP시스템의 관리활동에 관한 사항을 범위로 한다.

2. 목 적

본 기준서는 당사에서 생산되는 제품에 대하여 HACCP 제도 적용에 따른 제반 관리체계에 대한 구체적 관리기준을 정함으로써 식품위해, 품질저하 및 오염가능성을 사전에 예방하여 안전하고 위생적인 제품을 생산·공급하는데 목적이 있다.

3. 용어의 정의

3.1. 식품안전관리인증기준(Hazard Analysis Critical Control Point: HACCP)
   당사에서 식품의 원료 관리, 제조·가공·조리·유통의 모든 과정에서 위해한 물질이 식품에 섞이거나 식품이 오염되는 것을 방지하기 위하여 각 과정의 위해요소를 확인·평가하여 중점적으로 관리하는 기준을 말한다.

3.2. 위해요소 (Hazard)
   식품위생법(이하 "법"이라 한다) 제4조(위해 식품 등의 판매 등 금지)의 규정에서 정하고 있는 인체의 건강을 해칠 우려가 있는 생물학적, 화학적 또는 물리적 인자나 조건을 말한다.
○ 생물학적 위해요소 : 병원성미생물, 부패미생물, 기생충, 곰팡이 등 식품에 내재하면서 인체의 건강을 해할 우려가 있는 생물학적 위해 요소를 말한다.

○ 화학적 위해요소 : 식품 중에 인위적 또는 우발적으로 첨가·혼입된 화학적 원인물질(중금속, 항생물질, 항균 물질, 성장호르몬, 환경호르몬, 사용기준을 초과하거나 사용 금지된 식품첨가물 등)에 의해 또는 생물체에 유해한 화학적 원인물질(아플라톡신, DOP 등)에 의해 인체의 건강을 해할 우려가 있는 요소를 말한다.

○ 물리적 위해요소 : 식품 중에 일반적으로는 함유될 수 없는 경질이물(돌, 경질플라스틱), 유리조각, 금속 파편 등에 의해 인체의 건강을 해할 우려가 있는 요소를 말한다.

(회사로고)	**HACCP관리기준**
	용어의 정의

3.3. 위해요소분석 (Hazard Analysis)
　식품 안전에 영향을 줄 수 있는 위해요소와 이를 유발할 수 있는 조건이 존재하는지 여부를 판별하기 위하여 필요한 정보를 수집하고 평가하는 일련의 과정을 말한다.

3.4. 중요관리점 (Critical Control Point : CCP)
　식품안전관리인증기준을 적용하여 식품의 위해요소를 예방, 제거하거나 허용 수준 이하로 감소시켜 당해 식품의 안전성을 확보할 수 있는 중요한 단계, 과정 또는 공정을 말한다.

3.5. 한계기준 (Critical Limit)
　중요관리점에서의 위해요소 관리가 허용 범위 이내로 충분히 이루어지고 있는지 여부를 판단할 수 있는 기준이나 기준치를 말한다.

3.6. 모니터링 (Monitoring)
　중요관리점에 설정된 한계 기준을 적절히 관리하고 있는지 여부를 확인하기 위하여 수행하는 일련의 계획된 관찰이나 측정하는 행위 등을 말한다.

3.7. 개선조치 (Corrective Action)
　모니터링 결과 중요관리점의 한계기준을 이탈할 경우에 취하는 일련의 조치를 말한다.

3.8. HACCP 관리계획 (HACCP Plan)
　식품의 원료 구입에서부터 최종 판매에 이르는 전 과정에서 위해가 발생할 우려가 있는 요소를 사전에 확인하여 허용 수준 이하로 감소시키거나 제거 또는 예방할 목적으로 HACCP 원칙에 따라 작성한 제조·가공 또는 조리(유통단계를 포함한다. 이하 같다) 공정 관리문서나 도표 또는 계획을 말한다.

3.9. 검증 (Verification)
　HACCP 관리계획의 적절성과 실행 여부를 정기적으로 평가하는 일련의 활동(적용방법과 절차, 확인 및 기타 평가 등을 수행하는 행위를 포함한다)을 말한다.

3.10. 예방조치 (Preventive measures)
　위해요소를 예방하거나 제거 또는 감소시키기 위하여 이들의 영향 또는 발생률을 허용 가능한 수준까지 낮추기 위한 행동 또는 조치를 말한다.

(회사로고)	**HACCP관리기준**
	용어의 정의

3.11. 공정 흐름도 (Flow diagram)
 원·부재료의 입고 단계에서 제조, 가공, 포장 및 보관까지의 공정을 표시한 흐름도를 말한다.

3.12. 결정도 (Decision tree)
 해당공정이 중요관리점인지 여부를 판단하기 위하여 사용하는 5가지 연속된 질문으로 된 것을 말한다.

3.13. 문서 및 기록 유지
 영업장에서 HACCP관리가 효율적으로 운영될 수 있도록 HACCP관리계획을 문서화하고, HACCP 관리계획에 의해 발생하는 기록들을 보관, 유지하는 것을 말한다.

3.14. 선행요건 관리기준서
 해당 영업장에 HACCP을 적용하기 위하여 선행되어야 하는 일반 위생관리기준을 말한다.

3.15. HACCP 팀장
 HACCP적용 체계의 확립과 운영 등에 관한 총괄적인 관리 책임과 권한이 있는 영업자 또는 종업원을 말한다.

3.16. HACCP 팀원
 HACCP 적용 체계의 확립과 운영을 주도적으로 담당할 수 있도록 해당 분야별로 책임과 권한을 부여한 종업원을 말한다.

3.17. HACCP 7원칙
 HACCP 관리계획을 수립하는데 있어 단계별로 적용되는 주요 원칙을 말한다.

3.18. HACCP 12절차
 준비단계 5절차와 HACCP 7원칙을 포함한 총 12단계의 절차로 구성되며 HACCP 관리체계 구축 절차를 의미한다.

3.19. 기타김치 공정 용어 풀이
 1) 절임 : 일정 농도의 염수에 정선된 원·부재료를 일정시간 동안 투입하는 공정
 2) 세척 : 원·부재료를 흐르는 물 등을 이용하여 이물질을 제거하는 공정
 3) 혼합 : 세척된 원·부재료에 양념을 넣어 섞는 공정
 4) 내포장 : 혼합된 공정품을 포장 용량에 맞게 내포장지에 담는 공정

(회사로고)	**HACCP관리기준**
	HACCP팀 구성

4. HACCP팀 구성

4.1. 조직도

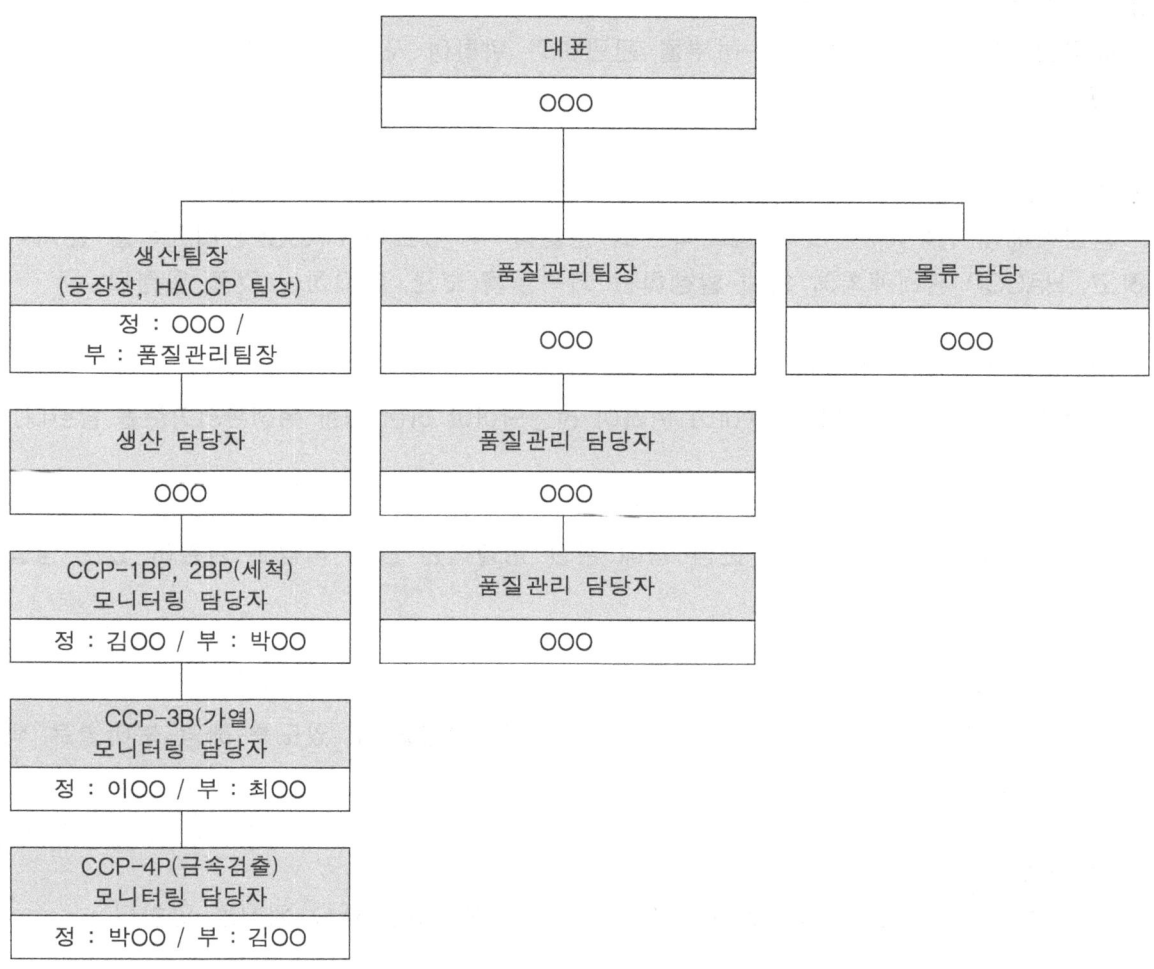

	HACCP관리기준
(회사로고)	HACCP팀 구성

4.2 팀원이력

직급	직무	성명	입사일	실무경력	비고
대표	HACCP팀장, 영업담당	OOO	2005.6.1	20년	
생산팀장	생산총괄, 공장장, HACCP팀장	OOO	2005.6.1	15년	
품질관리팀장	품질관리총괄	OOO	2005.6.1	12년	
사원	생산담당	OOO	2006.12.1	9년	
사원	생산담당, CCP-1BP 담당, CCP-2BP 담당, CCP-4P 부담당	OOO	2007.6.1	10년	
사원	생산담당, CCP-4P 담당, CCP-1BP 부담당, CCP-2BP 부담당	OOO	2007.6.1	9년	
사원	생산담당, CCP-3B 담당	OOO	2007.6.1	9년	
사원	생산담당, CCP-3B 부담당	OOO	2007.6.1	9년	
사원	품질관리 담당	OOO	2008.1.1	8년	
사원	품질관리 담당	OOO	2008.1.1	8년	
사원	물류 담당	OOO	2008.1.1	8년	

☞ TIP ☜ 기존 인력을 활용하여 업무를 분장하여 작성(겸임 가능)
☞ TIP ☜ 모니터링 담당자가 결근할 경우를 대비하여 정과 부로 구분하여 작성
☞ TIP ☜ 구성된 HACCP팀 인원에 대하여 이력 작성
☞ TIP ☜ 법정교육 이수현황, 교육기관, 교육 이수일 등 작성

(회사로고)	HACCP관리기준 HACCP팀 구성

4.3. HACCP 팀 세부사항

담당	업무	주기		관련기록	인수인계
OOO (대표)	표준기준서 승인	제정 시		표준기준서	OOO (공장장)
	중요관리공정(CCP) 검증표 작성	매월	첫째 주 월요일	중요관리점 검증 점검표	
OOO (공장장)	중요관리점 점검내용 개선 및 승인	매일	작업 종료 후	CCP 점검표	OOO (대표)
	종사자 위생교육 여부	매월	첫째 주 월요일	위생교육일지	
OOO (HACCP 담당자)	위생복 및 외출복장의 구분보관 여부, 종사자 복장 및 위생상태, 위생설비 이상 유무 등 확인	매일	작업 시작 전	작업장 위생관리 점검표	OOO (공장장)
	작업장 밀폐상태, 작업도구의 파손여부 등 시설설비 고장여부 및 관리상태 점검 등 확인				
	사용수(지하수)의 살균, 소독, 여과 등 정수처리 상태 확인(지하수 사용 시)				
	작업장 위생상태 점검내용 확인 및 승인 - 청결작업구역 교차여부 확인 - 식품위생법 시설기준, 영업자 준수사항 등 확인	매일	작업 중	작업장 위생관리 점검표	
	작업장 바닥, 벽, 배수로 청소·소독 상태, 제조설비(제품과 닿는 부분) 청소·소독상태 확인	매일	작업 종료 후	작업장 위생관리 점검표	
	폐기물 처리상태 확인				
	원·부재료 시험성적 수령여부, 운송차량 온도 확인 및 육안검사, 입·출고, 재고 점검 관리	매일	입고 시	육안검사 기준 및 일지	
	냉장/냉동창고 내부청소 상태, 작업장 벽 청소 상태, 제조설비(제품과 직접 닿지 않는 부분) 청소·소독 상태, 위생복 세탁 실시여부 등을 확인	매주	금요일	작업장 위생관리 점검표	
	방충·방서설비 포획 개체수 확인		금요일	방충·방서 점검표	
	용수검사(상수도) 실시여부를 확인	매월	첫째 주 월요일	관할시청 홈페이지	
	작업장 전체 청소 상태 확인		첫째 주 월요일	작업장 위생관리 점검표	
	완제품 검사(자가품질검사) 의뢰 여부 확인	매분기	첫째 주 월요일	완제품 검사 성적서	
	용수검사(지하수) 실시여부 확인 및 용수탱크의 청소·소독상태 확인	매년간	마지막 주 월요일	용수검사 성적서	
	저울 및 냉장/냉동창고 온도계 등 검교정 여부 확인, 금속검출기는 정기점검 여부 확인			검·교정 일지	
OOO (팀원)	중요관리점(세척공정) 관리 및 점검(기록), 모니터링 장비 사용 전·후 세척·소독상태 확인	매일	작업시작 전 작업 중 작업종료 후	CCP 점검표 (세척공정)	OOO (팀원)
OOO (팀원)	중요관리점(가열공정) 관리 및 점검(기록), 모니터링 장비 사용 전·후 세척·소독상태 확인			CCP 점검표 (가열공정)	OOO (팀원)
OOO (팀원)	중요관리점(금속검출공정) 관리 및 점검(기록), 모니터링 장비 사용 전·후 세척·소독상태 확인			CCP 점검표 (금속검출공정)	OOO (팀원)

☞ TIP ☜ 자사 규모에 맞게 업무를 분장(한명이 여러 업무 가능)

(회사로고)	**HACCP관리기준**
	HACCP팀 구성

1) HACCP팀을 구성할 때는 최고경영자의 직접적인 참여를 포함하며, HACCP Plan 개발을 주도적으로 담당할 핵심요원들을 팀원에 포함시킨다.
2) HACCP팀장은 최고 책임자가 되는 것을 권장한다.
3) HACCP팀원은 제조·작업 책임자, 시설·설비의 공무관계 책임자, 보관 등 물류관리 업무 책임자, 식품위생관련 품질관리업무 책임자 및 종사자 보건관리 책임자 등으로 구성한다.

4.4. HACCP팀 회의
1) HACCP팀의 의장은 HACCP팀장으로 하고, 부재 시 품질관리팀장이 대행한다.
2) 팀원들은 생산팀원, 품질관리팀장, 품질관리팀원으로 한다.
3) 회의소집
   ① 정기적으로 월 1회 소집하며, 품질관리팀장이 회의록을 작성하여 HACCP팀장의 승인을 득한 후 보관한다.
   ② 제품의 안전성에 대한 새로운 정보 발생 시, 식중독 등 안전성에 대한 소비자클레임이 대량으로 발생시, HACCP 관리기준서에 따른 모니터링 등에서 문제점 발생 시 해당 팀장은 HACCP팀장에게 회의 소집을 요청할 수 있다.
   ③ 기타 HACCP팀장이 필요하다고 인정하는 경우 소집한다.
4) HACCP팀 회의의 역할
   ① HACCP 계획의 운영방향을 논의하고, 실행 계획을 수립한다.
   ② HACCP 시스템 검증을 실시하고, 그 결과를 검토하여 시스템에 반영한다.
   ③ HACCP 시스템 실행 시 문제점을 검토하며, 개선조치 방법을 논의한다.
   ④ 논의된 안건 중 특별한 안건(재무사항, 인사 등)에 국한하여 HACCP 위원회에 상정한다.
   ⑤ HACCP 위원회에서 승인된 사항을 실행한다.

4.5. 책임과 권한
  HACCP 조직도상의 팀별 및 팀원별로 역할을 정하고 업무 인수, 인계자를 지정하여 부재 시 공백이 생기지 않도록 한다. 단, 지정된 업무 인수자 부재 시는 해당 팀의 선임자가 업무를 대행 하고, 필요 시 HACCP팀장이 업무대행을 지시할 수 있다. 또한 필요시 HACCP 위원회를 구성할 수 있다(특히 정책, 예산 등의 주요 사항을 의사 결정하며 외부 전문가를 포함할 수 있다).

(회사로고)	**HACCP관리기준**
	HACCP팀 구성

1) HACCP팀원의 공통 역할
   ① HACCP의 개념, 원칙, 절차 등을 숙지한다.
   ② 각 구성원별 해당 회의에 적극적으로 참여한다.
   ③ 팀원 교체 또는 변동 시 업무인수인계 절차에 준하여 실시하고 업무 인수인계 일지를 작성한다.
   ④ 각 부서에서 제공된 자료를 토대로 선행요건프로그램 기준 및 HACCP Plan 관련 기준을 설정하고, HACCP팀장 및 위원회의 승인을 득한다.
   ⑤ 해당 부서별 부서원들의 HACCP 교육, 위생교육 등을 실시한다.
   ⑥ HACCP시스템의 유효성 및 실행성 검증을 실시한다.
   ⑦ HACCP 시스템의 전반적 실행은 생산팀에서 수행하며, 품질관리팀은 수행결과물의 검토 및 전반적 관리를 한다.

4.6. HACCP팀원별 역할 세부사항
 1) HACCP팀장
   ① 효과적인 HACCP관리를 수행할 수 있도록 HACCP팀장과 팀원으로 구성된 HACCP팀을 구성 및 운영한다.
   ② HACCP관리 기준서, 선행요건 프로그램 관리 기준서의 제정 및 개정에 대해 승인한다.
   ③ 종업원이 맡은 업무를 효과적으로 수행할 수 있도록 HACCP관리(HACCP Plan 등) 및 선행요건관리(영업장관리 등) 등에 관한 교육·훈련 계획 수립에 대하여 운영 또는 승인한다.
   ④ HACCP Plan, 선행요건 프로그램 시스템 검증팀장을 임명하고 검증계획, 검증결과 보고서를 승인한다.
   ⑤ 원·부재료공급업소 등 협력업체에 대한 위생관리 상태 및 교육, 식품안전 취급 관련 기록 등을 점검하고 그 결과를 기록·유지에 승인한다.
   ⑥ 원·부재료 공급원이나 제조·가공·조리·소분·유통 공정 변경 등의 사유 발생 시 또는 HACCP 관리계획의 재평가 필요성을 수시로 검토하여 시스템에 반영한다.
   ⑦ 개정이력 및 개선조치 등 중요 사항에 대한 기록을 보관·유지하며 승인한다.
 2) 생산팀장(공장장)
   ① HACCP 기준에 적합한 생산작업장 위생관리를 총괄한다.
   ② 공정흐름도, 작업장 도면, 공정별 위해요소분석을 검토한다.
   ③ HACCP관리 기준서 및 그 별첨 문서에 대해 제정 및 개정을 검토한다.
   ④ 한계기준 설정 근거자료를 제공하며, CCP 모니터링 방법, 개선조치 방법을 설정한다.

(회사로고)	**HACCP관리기준**
	HACCP팀 구성

⑤ CCP 일지를 승인 한다.
⑥ HACCP계획서에 따라 모니터링 및 한계기준 이탈시 개선조치사항을 승인한다.
⑦ 생산관리 및 모니터링 담당자의 교육을 실시한다.
⑧ 제조 공정 또는 설비 변경 등의 사유 발생시 HACCP관리 계획의 재평가 필요성을 HACCP팀장에게 보고한다.

3) 생산팀 담당
① 공정흐름도, 작업장 도면 등에 필요한 자료를 제공한다.
② 제조공정 및 CCP에 대한 한계기준 설정 근거자료를 제공하며, 일상검증 및 개선조치사항에 대해 검토한다.
③ 제조공정의 CCP 일지를 검토한다.
④ CCP 모니터링 담당자에 대한 일상 교육을 실시한다.
⑤ 제조공정에 대한 모니터링 활동과 개선 조치를 한다.
⑥ 제조공정에 대한 관련 일지를 검토한다.
⑦ 공정별 위해요소 분석에 대한 자료를 수집한다.
⑧ 제조공정관리, 작업장 위생관리활동 등의 검증 및 개선업무를 실시하고, 기록을 유지한다.
⑨ 관리기준 이탈사항에 대한 설비보존 일상 업무를 실행한다.

4.7. 업무 인수인계

　업무 인수인계는 팀장, 팀원 중 업무 수행이 불가한 휴가, 파견, 출장, 교대, 퇴사 등으로 업무 공백에 의한 이상 발생방지를 목적으로 사내규정 및 팀별, 팀원별 업무의 인수인계에 준하여 실시하여 업무의 흐름이 원활하도록 업무 교대 시 인계자의 업무사항 및 문서사항(업무인수인계표)를 통해 인수인에게 인계한다.

1) 팀별, 팀원별 업무의 인수인계 정의
　인수인계는 팀장, 팀원 중 업무수행이 불가한 휴가, 파견, 출장, 퇴사 등으로 업무공백에 의한 이상 발생방지, 업무의 흐름을 원활하도록 업무수행 불가 전의 업무내용을 공유하는 것을 말한다.

4.7.1 책임과 권한
1) 인수인계 중에 발생한 이탈사항 등의 문제는 인계자에게 책임이 있다.
2) 인수 이후에 발생한 내용의 책임은 인수자에게 있다.
3) 인계자가 본 업무에 복귀 시에는 대리업무자는 공백 기간 중 업무 사항을 상세하게 인계한다.
4) 인수인계가 되지 않아 발생한 문제는 인계자에게 책임이 있다.

(회사로고)	**HACCP관리기준** **HACCP팀 구성**

2) 인수인계의 원칙
 ① 인수인계는 가능한 한 문서로 하고, 이탈사항이나 특이사항이 있을 경우에는 필요 시 육안확인을 거쳐 인수인계한다.
 ② 팀장의 경우에는 담당자가 인수인계하며 팀원별 세부 인수인계 사항은 팀별, 팀원별 업무의 인수인계내용에 따른다.
 ③ 인수자가 업무를 수행 중에 인수인계된 내용이 아닌 사항 또는 인수인계된 내용이라도 긴급을 요하는 경우는 인계자와 일차적으로 협의하고 팀장에게 보고하여 지시를 받아야 한다.
 ④ 팀장과 담당자가 동시에 같이 부재일 경우에는 부서의 최상위 팀원이 대행한다.
 ⑤ 담당자가 부재일 경우에는 부서의 최상위 팀원이 담당자의 업무를 수행한다.
 ⑥ 장기 휴가, 장기 휴직(질병, 출산 등) 및 퇴사 등의 장기적인 원인에 의한 인원변동이 발생할 시 새로운 담당자를 지정한다.
 ⑦ 퇴사자 발생 시 기존 근무 중인 사원 또는 팀장 중 당해 업무에 대한 인계자를 선발하여 인계한다.
3) 인수인계의 범위
 ① 인수인계 범위는 인수인계표와 같이 실시한다.
 ② 필요시 HACCP팀장 및 품질관리팀장의 요구에 의해 추가 및 변경할 수 있다.
4) 팀 구성원의 교체 또는 변동 시 인수인계 방법
 ① HACCP팀장, 생산팀장, 품질관리팀장의 부재 시에는 업무 인수인계서를 작성한다.
 ② 인계자는 담당하고 있는 업무에 대한 책임과 권한을 상세히 기술하고 진행사항을 업무 인수인계서에 쌍방 간 확인서명 후 업무 인수인계를 한다.
 ③ 인수자는 업무 인수인계 사항을 확인한 후 업무를 인수 받는다.
 ④ 담당 팀장은 업무를 인수받은 직원에 대해 직무교육 및 HACCP교육을 실시한 후 해당업무를 수행할 수 있도록 한다.
5) 팀별 인수인계
 ① 생산팀 ↔ 품질관리팀
6) 팀원별 인수인계
 ① HACCP팀장 ↔ 품질관리팀장
 ② 생산관리팀 ↔ 품질관리팀

(회사로고)	**HACCP관리기준**
	제품설명서 작성 및 제품의 용도확인

5. 제품설명서 작성

　제품설명서에는 제품명, 제품유형 및 성상, 품목제조보고연월일, 작성자 및 작성연원일, 성분배합비율 및 제조방법, 제조단위, 완제품의 규격, 보관·유통 상의 주의사항, 제품용도 및 유통기간, 포장방법 및 재질, 표시사항, 기타 필요한 사항이 포함된다.
　제품설명서의 각 사항에는 기본적으로 위생적인 요소만을 고려하여야 하나 품질적인 사항을 포함시켜야 하는 경우에는 위생적인 요소와 구분하여 기재한다. 제품설명서는 식품별로 작성함을 원칙으로 한다. 그러나 각 식품의 특성이 같거나 비슷하여 식품유형별로 작성하여도 무방하다고 판단되는 경우 식품을 묶거나 식품유형별로 작성할 수 있다.
　제품설명서의 각 사항의 작성 시 다음 사항을 참고하여 제품설명서를 작성한다.

5.1. 제품명
　제품명은 해당관청에 보고한 해당품목의 "품목제조(변경)보고서"에 명시된 제품명과 일치 하도록 작성한다.

5.2 식품유형 및 성상
 1) 식품 유형은 "식품공전"의 분류체계에 따른 식품의 유형을 기재한다.
 2) 성상은 해당식품의 기본 특성(예: 액상, 고상 등) 뿐만 아니라 전체적인 특성(예: 가열 후 섭취식품, 비가열 섭취식품, 냉장식품, 냉동식품, 살균제품, 멸균제품 등)을 기재한다.

5.3 품목제조보고연월일
　품목제조 보고연월일은 해당식품의 "품목제조(변경)보고서"에 명시된 보고 날짜를 기재한다.

5.4 작성자 및 작성연월일
　제품설명서를 작성한 사람의 성명과 작성날짜를 기재한다.

5.5 성분배합비율 및 제조방법
 1) 성분배합비율은 해당식품의 "품목제조(변경)보고서"에 기재된 원료인 식품 및 식품첨가물의 명칭과 각각의 함량을 기재한다. 대상 식품이 많을 경우 원료 목록표를 작성하여 원료에 대한 위해요소를 총괄적으로 분석하는데 활용한다. 성분명은 상품명이 아닌 식품명으로 기재한다.

(회사로고)	**HACCP관리기준** **제품설명서 작성 및 제품의 용도확인**

2) 제조 방법은 일반적인 방법을 기재하거나 "공정흐름도"로 갈음한다.

5.6 제조(포장)단위
　제조(포장)단위는 판매되는 완제품의 최소 단위를 중량, 용량, 개수 등으로 기재한다.

5.7 완제품의 규격
　완제품의 규격은 식품위생법과 대상고객, 사내규격 등을 참고하여 안전성과 관련된 항목에 대해 성상, 생물학적, 화학적, 물리적 항목과 각각의 규격을 기재한다.

5.8 보관, 유통 상의 주의사항
　제품 보관 및 유통과정 중 특별히 관리가 요구되는 사항을 기재한다.

5.9 제품용도 및 유통기한
 1) 제품용도는 소비계층을 고려하여 일반건강인, 영유아, 어린이, 환자, 노약자, 허약자 등으로 구분하여 기재한다.
 2) 유통기한은 "품목제조(변경)보고서"에 명시된 유통기한을 보관조건과 함께 기재한다.
 3) 이와 아울러 소비자 구매 시 섭취방법(그대로 섭취, 가열 조리 후 섭취)을 함께 기재하는 것도 도움이 된다.

5.10 포장방법 및 재질
　특이한 포장방법이 있는 경우 그 방법을 구체적으로 기재하며, 포장재질은 내포장재와 외포장재 등으로 구분하여 기재한다.

5.11 표시사항
　표시사항에는 "식품 등의 표시기준"의 법적 사항에 기초하여 소비자에게 제공해야 할 해당식품에 관한 정보를 기재한다. 제품설명서 내에 기술되어 있는 내용 이외의 것을 기재한다.

(회사로고)	**HACCP관리기준**
	제품설명서 작성 및 제품의 용도확인

☞ TIP ☜ 제품설명서 작성 방법

<table>
<tr><th colspan="3">제 품 설 명 서</th></tr>
<tr><td>제품명</td><td colspan="2">「품목제조(변경)보고서」에 명시된 제품명을 기재</td></tr>
<tr><td>식품의 유형</td><td colspan="2">「식품공전」의 분류체계에 따른 식품유형을 기재</td></tr>
<tr><td>성상</td><td colspan="2">기본 특성 뿐만 아니라 전체적인 특성을 기재</td></tr>
<tr><td>품목제조보고자
/보고연월일</td><td colspan="2">「품목제조(변경)보고서」에 명시된 보고 날짜를 기재</td></tr>
<tr><td>작성자/
작성연월일</td><td colspan="2">제품설명서를 작성한 사람의 성명과 작성날짜를 기재</td></tr>
<tr><td>성분배합비율</td><td colspan="2">「품목제조(변경)보고서」에 기재된 원료인 식품 및 식품첨가물의 명칭과 각각의 함량을 기재</td></tr>
<tr><td>제조(포장) 단위</td><td colspan="2">판매되는 완제품의 단위를 중량, 용량, 개수 등으로 기재</td></tr>
<tr><td rowspan="4">완제품의 규격</td><td>구분</td><td>법적 규격 / 사내 규격</td></tr>
<tr><td>생물학적</td><td rowspan="3">식품공전 식품별 기준 및 규격 항목을 적용하여 작성 | 1) 위해요소분석 위해평가 결과 Hazard로 평가된 항목 또는 CCP 공정에서 관리하도록 정한 위해요소가 포함되도록 작성
2) 법적규격과 동일하거나 더 높은 수준으로 관리</td></tr>
<tr><td>화학적</td></tr>
<tr><td>물리적</td></tr>
<tr><td>보관·유통 상의 주의사항</td><td colspan="2">제품의 보관 및 유통 과정 중 특별히 관리가 요구되는 사항을 기재</td></tr>
<tr><td>제품용도 및 유통기한</td><td colspan="2">1) 제품을 섭취하는 계층 또는 섭취 방법을 고려하여 기재
2) 「품목제조(변경)보고서」에 명시된 유통기한을 보관 조건과 함께 기재
3) 소비자가 구매 시 섭취방법(그대로 섭취, 가열조리 후 섭취)을 기재</td></tr>
<tr><td>포장방법 및 재질</td><td colspan="2">1) 특이한 포장방법이 있는 경우 그 방법을 구체적으로 기재
2) 포장재질은 내포장재와 외포장재 등으로 구분하여 기재</td></tr>
<tr><td>표시사항</td><td colspan="2">1) 「식품 등의 표시기준」의 법적 사항에 기초하여 소비자에게 제공해야 할 해당식품에 관한 정보를 기재
2) 제품설명서 내에 기술되어 있는 내용 이외의 것을 기재
3) 기타 필요한 사항을 기재</td></tr>
</table>

(회사로고)	**HACCP관리기준**
	제품설명서 작성 및 제품의 용도확인

[예시] 제품설명서 및 제품용도

<table>
<tr><td colspan="3" align="center">제 품 설 명 서(예시-깍두기김치)</td></tr>
<tr><td colspan="2">제품명</td><td>○○○깍두기</td></tr>
<tr><td colspan="2">식품의 유형</td><td>기타김치, 비살균제품</td></tr>
<tr><td colspan="2">성상</td><td>고유의 색택으로 이미 이취가 없을 것</td></tr>
<tr><td colspan="2">품목제조보고자/보고연월일</td><td>○○○/2005.01.01</td></tr>
<tr><td colspan="2">작성자/작성연월일</td><td>○○○/2005.01.01</td></tr>
<tr><td colspan="2">성분배합비율</td><td>무우 00.0%, 고춧가루 00.0%, 마늘 00.0%, 대파 00.0%,…</td></tr>
<tr><td colspan="2">제조(포장) 단위</td><td>PET 00g, 00㎏ / PE 00g, 00㎏</td></tr>
<tr><td rowspan="3">완제품의 규격</td><td>구분</td><td>법적 규격 / 사내 규격</td></tr>
<tr><td>생물학적</td><td>- 바실러스세레우스 : 10,000/g (멸균제품은 음성에 한함)
- 클로스트리디움 퍼프리젠스 : 100/g (멸균제품은 음성에 한함) / - 바실러스세레우스 : 음성
- 클로스트리디움 퍼프리젠스 : 음성
- Listeria monocytogenes : 음성
- 장출혈성대장균 : 음성</td></tr>
<tr><td>화학적</td><td>- 납 : 0.3 이하
- 카드뮴 : 0.2 이하
- 타르색소 : 불검출
- 보존료 : 불검출</td></tr>
<tr><td></td><td>물리적</td><td>- 이물 불검출 / - 연질이물 : 불검출
- 경질이물 : 불검출
- 금속이물 : 불검출(단 Fe 2.0, STS 2.5 mmØ 이상 불검출)</td></tr>
<tr><td colspan="2">보관·유통 상의 주의사항</td><td>보 관 : 냉장보관(0~10℃)</td></tr>
<tr><td colspan="2">제품용도 및 유통기한</td><td>제품용도: 건강한 성인(만 19세 이상)의 기호식품
유통기한 : 10℃이하 냉장 보관 시 제조일로부터 00일</td></tr>
<tr><td colspan="2">포장방법 및 재질</td><td>포장방법 : 진공포장으로 내포장 후 골판지 박스에 외포장
포장재질 : 내포장재 - 폴리에틸렌 / 외포장재 - 종이박스</td></tr>
<tr><td colspan="2">표시사항</td><td>제품명, 식품의 유형, 업소명 및 소재지, 제조연월일(제조번호 또는 병입연월일을 표시한 경우에는 제조일자 생략 가능), 내용량, 원재료명 및 함량, 성분명 및 함량, 에탄올 함량, 포장재질, 반품 및 교환처(또는 소비자 상담실), 알레르기 유발물질, 경고문구, 소비자 안전을 위한 주의사항, 부정불량 식품 신고-국번없이 1399</td></tr>
</table>

☞ TIP ☞ 동일 유형의 모든 제품에 대하여 작성

☞ TIP ☞ 자사 품목제조 보고서와 일치하도록 작성

☞ TIP ☞ 법적규격은 식품공전을 참조

☞ TIP ☞ 사내규격은 1. 자사에서 관리할 수 있는 또는 필요한 항목을 작성

2. 법적규격과 동일하거나 더 높은 수준으로 관리

☞ TIP ☞ 부정불량 식품신고 번호 작성은 필수

(회사로고)	**HACCP관리기준**
	공정흐름도 작성

6. 공정흐름도 작성

　원·부재료의 입고에서부터 최종제품의 출고까지의 모든 단계를 파악하여 공정흐름도를 작성하여 제품이 어떤 환경 하에서 어떤 경로를 통해 만들어지며 위해요소가 어디에서 발생할 수 있을 것인가를 보여주는 자료를 말한다.

6.1 제조공정도 작성방법
 1) 원·부재료 및 포장재의 종류를 파악한다.
 2) 원·부재료 및 포장재의 입고부터 출고까지의 전 공정을 조사하여 작업장에서 제조되는 방식과 동일하게 순서별로 세부적으로 작성한다.
 3) 각 공정에 맞는 공정명을 표시하고 공정의 흐름을 알기 쉽도록 작성한다.
 4) 해당공정을 아래의 양식에 맞게 작성한다.

6.2 각 공정별 주요 가공조건의 개요를 기재한다. 이때 구체적인 제조공정별 가공방법에 대하여는 일목요연하게 표로 정리한다.

6.3 작업특성별 구획, 기계·기구 등의 배치, 제품의 흐름과정, 작업자 이동경로, 세척·소독조 위치, 출입문 및 창문, 환기(공조)시설 계통도, 용수 및 배수처리 계통도 등을 표시한 작업장 평면도를 작성한다.

6.4 공정흐름도와 평면도는 원료의 입고에서부터 완제품의 출하에 이르는 해당식품의 공급에 필요한 모든 공정별로 위해요소의 교차오염 또는 2차 오염, 증식 등의 가능성을 파악하는 자료로 활용한다.

6.5 공조흐름도 및 평면도가 작업현장과 일치하는지 확인한다.
 1) 공정흐름도 및 평면도가 현장과 일치하는지 여부를 확인하기 위하여 HACCP팀은 작업현장에서 공정별 각 단계를 직접 확인하면서 검증한다.
 2) 공정흐름도와 평면도의 작성 목적은 각 공정 및 작업장 내에서 위해요소가 발생할 수 있는 모든 조건 및 지점을 찾아내기 위한 것이므로 정확성을 유지하는 것이 매우 중요하다.
 3) 현장검증 결과 변경이 필요한 경우에는 해당공정 흐름도나 평면도를 수정한다.

(회사로고)	**HACCP관리기준** **공정흐름도 작성**

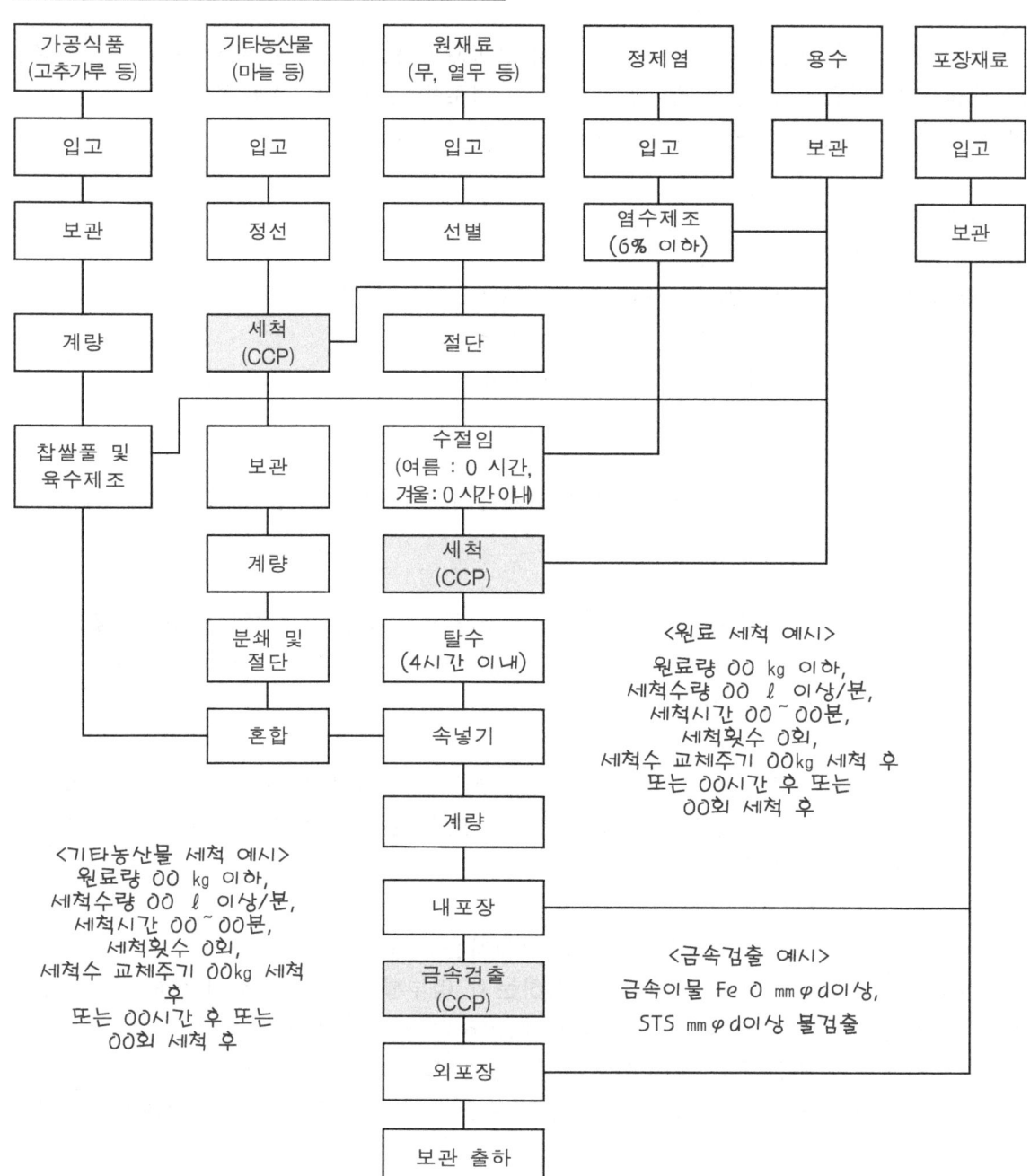

(회사로고)	**HACCP관리기준**
	공정흐름도 작성

[예시] 제조가공 방법

☞ TIP ☜ 자사 제품 특성 반영 및 한계기준 설정 실험결과를 반영하여 작성
☞ TIP ☜ CCP 및 주요공정 등 계측이 필요한 공정은 관리 조건 기입

제조공정	가공방법 및 관리기준	주요설비
원·부재료 입고	입고기준에 적합한 원료 및 포장재만 입고 - 입고기준(예시) : 육안검사, 시험성적서 확인 또는 원산지 증명서 확인	지게차, 팔레트
보관	입고된 원·부재료는 실온창고, 냉장 및 냉동 창고에 보관하여 사용 창고 온·습도 관리, 선입선출 및 품목별 구분 적재, 바닥, 벽과 이격관리	지게차, 팔레트
정선	농산물 비가식 부위 제거, 흙, 부패, 이물, 변질 등 가공에 부적합한 부위 제거	작업대, 칼
선별	부패, 변질 등 가공에 부적합한 부위 제거 및 1차 세척	작업대, 세척기, 칼
절단	농산물 일정 크기로 절단	절단기
염수제조	용수에 정제염을 첨가하여 정해진 농도의 염수 제조 - 기준(예시) : 염도농도 6% 이하	염수제조기
수절임	절단된 농산물을 제조된 염수에 일정시간 침지	절임통
계량	찹쌀풀 및 육수제조를 위한 가공식품 계량	저울, 계량도구
찹쌀풀 및 육수제조	계량된 가공식품을 혼합하여 가열	풀 제조기
세척	절임된 원료와 기타농산물을 세척 - 원료량, 세척수량, 세척시간, 세척횟수, 세척수 교환주기	세척기
탈수	세척된 원료 물기 제거 - 기준(예시) : 4시간 이내	탈수통
계량	양념에 사용되는 기타농산물 계량	저울, 계량도구
분쇄 및 절단	계량된 원료 분쇄 및 절단	분쇄기, 칼
혼합	찹쌀풀 또는 육수에 분쇄 및 절단된 기타농산물을 혼합하여 양념 제조	혼합기
속넣기	탈수된 원료에 양념 혼합	작업대
계량	완제품 포장 단위에 맞게 무게 달기	저울
내포장	무게 단 공정품을 내포장지에 넣기	작업대
금속검출	금속검출기에 통과	금속검출기
외포장	종이 또는 P박스에 병입된 제품이 자동 투입되어 외포장	케이셔
제품보관 및 출하	포장된 제품을 보관창고에 보관 후 출고차량으로 운송	창고, 운송차량

(회사로고)	**HACCP관리기준**
	공정흐름도 작성

[예시] 평면도

☞ TIP ☜ 자사 작업현장 특성에 따라 설정(수정, 보완) 필요
☞ TIP ☜ 영업신고증과 건축물등록대장의 면적과 동일하게 작성
☞ TIP ☜ 건축물등록대장에 신고된 면적 또는 건축물을 표시
☞ Tip ☜ 청결구역과 일반구역을 분리하여 종사자와 물류 이동동선을 표시

구역설정(총면적 : 000㎡)					
부대시설 (000㎡)	실온창고, 냉장창고, 냉동창고, 탈의실, 위생전실	일반구역 (000㎡)	전처리실, 세척실, 외포장실	**청결구역** (000㎡)	속넣기실, 내포장실

○ 영업장 평면도

　　　　　　　　　영업장 전체 평면도 삽입

○ 작업장 평면도

　　　　　　　　　작업장 평면도 삽입

(회사로고)	**HACCP관리기준**
	위해요소 분석

7. 위해요소 분석(Hazard Analysis) (원칙1)

　위해요소(Hazard) 분석은 HACCP팀이 수행하여야 하며, 이는 제품설명서에서 파악된 원·부재료별로, 그리고 공정흐름도에서 파악된 공정·단계별로 구분하여 실시한다. 이 과정을 통해 원·부재료별 또는 공정·단계별로 발생 가능한 모든 위해요소를 파악하여 목록을 작성하고, 각 위해요소의 유입경로와 이들을 제어할 수 있는 수단(예방수단)을 파악하여 기술하며, 이러한 유입경로와 제어수단을 고려하여 위해요소의 발생 가능성과 발생 시 그 결과의 심각성을 감안하여 위해(Risk)를 평가한다.

7.1 위해요소파악
 1) 원료별·공정별로 생물학적·화학적·물리적 위해요소와 발생 원인을 모두 파악하여 위해 요소 분석을 위한 질문사항을 작성한다.
 2) 생물학적 위해요소는 곰팡이, 세균, 바이러스 등의 미생물과 기생충 등을 포함한다. 생물학적 위해요소는 원료의 생산 및 유통과정에서 작업장으로 유입될 수 있으며, 작업장 환경, 종업원, 식품성분, 제조·가공 과정 그 자체에 의하여 오염될 수도 있다.
 3) 화학적 위해요소는 식품에서 자연적으로 존재하는 위해요소와 식품의 제조·가공·포장·보관·유통·조리 등이 과정에서 오염되는 위해요소로 구분된다. 식품의 생산 및 가공 중에 오염되는 화학적 위해요소는 의도적 또는 비의도적으로 첨가되거나 오염되는 독성물질 또는 유해물질로서 허용 외 식품첨가물, 세척제, 중금속, 잔류농약, 알레르기 유발물질 등이 식품 생산시설, 장비, 기구 등에 사용되는 화학물질들이 포함된다.
 4) 물리적 위해요소는 정상적으로 원료에서 발견될 수 없는 것으로서, 식품을 소비하는 사람에게 건강상의 장애(질병 또는 상처)를 유발할 수 있는 외부 유래의 이물(주로 경화성 이물)을 말합니다. 물리적 위해요소는 유리, 금속 및 플라스틱과 같은 다양한 이물질을 포함하는데, 그 요인은 오염된 원료, 잘못 설계되거나 불충분하게 유지된 시설 및 장비, 오염된 포장재료, 종업원의 부주의 등과 관련된다.

7.2 위해요소평가
 1) 잠재된 위해요소 평가는 7.4항의 위해 요소 평가 기준을 이용하여 수행한다.
 2) 파악된 잠재적 위해요소의 발생원인과 각 위해요소를 안전한 수준으로 예방하거나 완전히 제거, 또는 허용 가능한 수준까지 감소시킬 수 있는 예방조치방법이 있는지를 확인한다. 예방조치 방법은 현재 작업장에서 시행되고 있는 것만을 기재한다.
 3) 위해요소의 예방조치 방법에는 다음과 같은 것이 있다.
  ① 생물학적 위해요소

(회사로고)	**HACCP관리기준**
	위해요소 분석

- 시설기준에 적합한 개·보수
- 원료 협력업체로부터 시험성적서 수령
- 입고되는 원료의 검사
- 보관, 가열, 포장 등의 가공조건(온도, 시간 등) 준수
- 시설·설비, 종업원 등에 대한 적절한 세척·소독 실시
- 공기 중에 식품노출 최소화
- 종업원에 대한 위생교육

② 화학적 위해요소
- 원료 협력업체로부터 시험성적서 수령
- 입고되는 원료의 검사
- 승인된 화학물질만 사용
- 화학물질의 적절한 식별 표시, 보관
- 화학물질의 사용기준 준수
- 화학물질을 취급하는 종업원의 적절한 훈련

③ 물리적 위해요소
- 시설기준에 적합한 개·보수
- 원료 협력업체로부터 시험성적서 수령
- 입고되는 원료의 검사
- 육안선별, 금속검출기 등 이용
- 종업원 훈련

4) 위해요소 분석 시 해당식품 관련 역학조사자료, 오염실태조사자료, 작업환경조건, 종업원 현장조사, 보존시험, 미생물시험, 관련규정, 관련 연구자료 등이 있으며, 기존의 작업공정에 대한 정보를 활용한다.

5) HACCP팀은 위해요소분석 목록표를 이용하여 파악된 위해요소를 7.4항의 위해요소 평가 기준에 따라 심각성과 발생가능성의 점수를 부여하고 관리점을 찾는다.

(회사로고)	**HACCP관리기준**
	위해요소 분석

○ 본 업소에서 생산하는 과실주에서 발생할 수 있는 위해요소를 분석해 보면 다음과 같다.
　- 생물학적 위해요소로는 장출혈성대장균, 리스테리아 모노사이토제니스, 황색포도상구균, 살모넬라 등 식중독균이 있다.
　- 화학적 위해요소로는 중금속, 잔류농약 등이 있다.
　- 물리적 위해요소로는 금속조각, 비닐, 노끈, 머리카락 등 이물이 있다.

○ 이의 위해요소를 효율적으로 관리하기 위한 방법으로는
　- 생물학적 위해요소인 식중독균은 **세척 공정(원료, 기타농산물), 가열(육수 및 풀 제조)** 등을 통해 제어할 수 있다.
　- 화학적 위해요소인 중금속, 잔류농약 등을 관리하기 위해서는 원료 입고 시 시험성적서 확인 등을 통해 적합성 여부를 판단하고 관리한다.
　- 물리적 위해요소인 이물 등을 관리하기 위하여 제조공정에서 혼입될 수 있는 금속파편, 나사, 너트 등의 금속성 이물은 **세척 공정(원료, 기타농산물), 금속검출공정**을 통하여 제거하고, 기타 비닐, 노끈, 머리카락 등 연질성 이물은 육안 등으로 선별한다.

(회사로고)	**HACCP관리기준**
	위해요소 분석

☞ TIP ☜ 위해요소 분석 작성 방법

☐ 위해요소 분석 전
- ▶ 원재료 목록 작성 : 복합원재료의 경우 성분명 기재
- ▶ 원재료 법적 규격 항목 작성
- ▶ HACCP 인증 받은 원료인지 아닌지 구분하여 인증서 및 시험성적서 수령

☐ 위해요소 분석
- ▶ 단위위해요소로 도출
    예) B(생물학적), C(화학적), P(물리적)로 구분, B : 황색포도상구균, 살모넬라 등
- ▶ 해당식품에 따라 위해요소 항목을 변경

☐ 발생원인
- ▶ 유래, 교차오염, 증식, 잔존, 혼입 등을 고려하여 작성
- ▶ 발생원인은 예방조치 및 관리방법과 일치하여 작성

☐ 예방조치 및 관리방법
- ▶ 발생원인에 따라 관리 가능한 방법을 작성
    협력업체관리, 입고검사, 세척·소독 관리, 종사자 위생 준수 확인, 종사자 교육 등

☞ TIP ☜ 심각성 평가 기준 작성 시 유의점

☐ 일반적으로 사용하는 CODEX, FAO, NACMCF 중 하나의 기준을 선택하여 원부재료 및 공정 중 유래할 수 있는 모든 위해요소들에 대한 심각성을 평가한다.

☐ 만일, 도출된 위해요소의 심각성을 CODEX, FAO, NACMCF 기준으로 판단할 수 없는 경우, 서적, 논문 등의 과학적인 근거로 작성된 자료를 참조하여 심각성을 평가하고 그 출처를 반드시 기재하도록 한다.
- ▶ 동일한 위해요소에 대한 심각성이 여러 자료에서 각기 다른 경우, 심각성이 가장 높게 기술되어 있는 자료에서 인용

(회사로고)	**HACCP관리기준**
	위해요소 분석

[예시] 위해요소 평가 원칙

☞ TIP ☜ 기본적인 예시로 사용하는 원료 및 공정에 따라 수정 보완
☞ TIP ☜ 관련 자료 출처는 자사에 맞게 첨삭필요

○ 기타김치 심각성 평가 예시
 - 원·부재료 및 공정별로 확인된 위해요소를 아래의 심각성 판단기준에 따라 해당 위해요소에 대한 심각성을 평가한다.

위해요소	심각성	위해의 종류
높음	생물학적 (B)	*Listeria monocytogenes*, *Escherichia coli* O157;H7, *Clostridium botulinum*, *Salmonella typhi*, *Vibrio cholerae*, *Vibrio vulnificus*
		장출혈성대장균[1]
	화학적 (C)	paralytic shellfish poisoning, amnestic shellfish poisoning
	물리적 (P)	유리조각, 금속성 이물
보통	생물학적 (B)	*Salmonella* spp., *Brucella* spp., *Campylobacter* spp., *Shigella* spp., *Streptococcus* type A, *Yersinia enterocolitica*, hepatitis A virus
		대장균[2], 대장균군(총대장균군)[4,5], 진균[5] 분원성대장균군[4,5]
	화학적 (C)	곰팡이독(mycotoxin), 시가테라독, 잔류농약, 중금속(납, 카드뮴, 비소, 수은, 철)
		곰팡이독소(아플라톡신, 오크라톡신A, 데옥시니발레놀, 제랄레논)[1], 타르색소[2], 잔류용제(톨루엔, 프탈레이트 등)[2], 제조 공정 중 생성되는 화학 반응 물질(벤조피렌, 아크릴아마이드 등)[3], 오남용 식품첨가물(리놀렌산, 에루스산 등)[3], 유해물질(페놀 등)[4], 소독제(잔류염소)[4]
	물리적 (P)	경질이물(플라스틱, 돌, 모래 등)
낮음	생물학적 (B)	*Bacillus* spp., *Clostridium perfringens*, *Staphylococcus aureus*, Noro virus, 대부분의 기생충
		Bacillus cereus[2],
	화학적 (C)	히스타민과 같은 물질, 식품첨가물
		transitory allergies 등의 증상을 수반하는 화학오염 물질 등[1]
	물리적 (P)	연질이물(머리카락, 비닐, 지푸라기등)

※ FAO 규격 : FAO(1998) 규격
(1) 식품의 기준 및 규격: 식품의약품안전처 고시 제2013-233호, 2013.11.12., 일부 개정
(2) CODEX 규격: CAC(Codex Alimentarius Commission, 국제식품규격위원회) 규격
(3) NACMCF 규격: NACMCF(미국 식품 미생물 기준 자문위원회) 규격
(4) 먹는물 수질기준 및 검사 등에 관한 규칙: 환경부령 제439호, 2011.12.30., 일부 개정
(5) 알기 쉬운 HACCP 관리, 식품의약품안전처

(회사로고)	**HACCP관리기준**
	위해요소 분석

[예시] 위해요소 평가 원칙

○ 기타김치 발생가능성 평가 예시
  - 원·부재료 및 공정별로 확인된 위해요소의 발생사례, 통계자료, 전문자료 조사 등을 통하여 결정한다.

구분	발생가능성
높음	해당 위해요소가 지속적으로 자주 발생하였거나 가능성이 높음 (3건/월 이상 발생)
보통	해당 위해요소가 빈번하게 발생하였거나 가능성이 있음 (1~2건/월 발생)
낮음	해당 위해요소의 발생 가능성이 거의 없음 (0건/월)

☞ TIP ☜ 발생가능성은 자사 기준으로 수정 가능

○ 기타김치 위해 평가도 예시
  - 위해요소별로 심각성 및 발생가능성 평가 결과를 바탕으로 아래의 표를 이용하여 위해를 평가한다.
    [예시] 국제식품규격위원회

발생 가능성	높음(3)	3	6	9
	보통(2)	2	4	6
	낮음(1)	1	2	3
		낮음(1)	보통(2)	높음(3)
		심각성		

  - 3점 이상에 해당하는 위해요소에 대해서는 중요관리점 결정도(Decision Tree)에 적용하여 CCP와 CP로 구분한다.

☞ TIP ☜ 해당 식품 원료, 공정 등에서 심각성 높은 위해요소 및 실제 발생되는 위해요소는 CCP 결정도에서 평가

(회사로고)	**HACCP관리기준** 위해요소 분석

[예시] 원부재료 위해요소 분석 및 관리방법

○ 본 업소에서 생산하는 기타김치의 주요 원료는 다음과 같다.

구 분		원료명	보관방법
주원료	농산물	무, 열무, 총각무, …	실온
부원료	농산물	마늘, 생강, 쪽파, 홍고추 …	실온
	가공품	고춧가루, 정제염, 물엿, 찹쌀풀, …	실온
		멸치액젓, 건새우, 건멸치, 다시마	냉장
용수		상수도	-
포장재		내포장재 : 폴리에틸렌(PE), PET 외포장재 : 골판지, 스티로폼	실온

☞ TIP ☜ 품목제조보고서에 기재되어 있는 모든 원료에 대해 작성

○ 본 업소에서 사용하는 원료의 구입처는 다음과 같다.

원료명	구입처	운반차량	관리항목	보관방법	기타
무, 열무, …	○○상회	실온	시험성적서, 육안검사, 온도검사	실온	
고춧가루, …	○○○	실온		실온	
멸치액젓, …	○○○	냉장		냉장	
내포장재	○○○	실온		실온	
외포장재	○○○	실온		실온	

○ 실온으로 운송되는 원료는 시험성적서를 확인하거나 육안검사를 통해 관리한다.
○ 냉장으로 운송되는 원료는 매 입고 시 운송차량의 온도기록지를 확인하거나 탐침온도계 또는 적외선온도계를 이용하여 원료의 온도를 측정하며, 육안검사를 통해 관리한다.
○ 시험성적서, 온도 측정, 육안검사 등을 통하여 기준에 적합한 원료만 입고하며, 입고된 원료는 각 보관창고에 이격 관리 및 입고일 표시를 하여 보관한다.

☞ TIP ☜ 구입처가 동일한 경우 원료명에 함께 기입
☞ TIP ☜ 육안검사 기준은 자사에서 설정하여 운영
☞ TIP ☜ 원·부재료 공급업체 관리
  ▶ 자사 원·부재료의 공급은 믿을만한 업체로부터 인·허가 사항, 내역서 확인, 위생적 취급여부, 배송 시 운송시간·온도의 적절성, 차량 위생상태 점검 등 필요
  ▶ 납품업체 변경 시 성적서 확인 주기 변경 등 입고검수·검사를 더욱 철저히 실시

HACCP관리기준
위해요소 분석

[예시] 원부재료 위해요소분석표

원,부재료	구분	위해요소 명칭	위해요소 발생원인	심각성	발생가능성	종합평가	예방조치 및 관리방법
농산물 (무 등)	B	Staphylococcus aureus	- 원료 자체 오염 - 협력업체 생산관리 및 보관관리 부족으로 교차오염 및 증식 - 협력업체 운반관리(차량 위생 등) 부족으로 교차오염	1	2	2	- 원료 입고 시 성적서 수령 및 육안검사 실시 - 운반관리(차량 위생 등) 기준 수립 및 준수 - CCP-1BP, CCP-2BP 세척공정에서 제어
		Clostridium perfrigens		1	2	2	
		Salmonella.spp		2	1	2	
		장출혈성대장균		3	1	3	
		Listeria. Monocytogenes		3	1	3	
		Bacillus cereus		1	2	2	
		대장균군		2	1	2	
		진균류(효모, 곰팡이)		2	2	4	
	C	잔류농약	- 원료 자체 오염 - 협력업체 생산·보관 중 관리 부족으로 잔류 및 오염	2	2	4	- 원료 입고 시 성적서 수령 및 육안검사 실시
		납		2	1	2	
		카드뮴		2	1	2	
	P	곤충사체	- 협력업체 생산·보관, 작업자 관리 미흡으로 혼입 - 협력업체 운반관리(차량 위생 등) 부족으로 혼입	1	1	1	- 원료 입고 시 성적서 수령 및 육안검사 실시 - 운반관리(차량 위생 등) 기준 수립 및 준수 - CCP-4P 금속검출공정에서 제어
		연질이물(머리카락, 실)		1	1	1	
		경질이물(돌, 흙)		2	1	2	
		금속조각		3	1	3	
용수	B	일반세균	- 원수 자체 오염 - 저수청결상태 불량으로 인한 교차오염 발생	1	1	1	- 저수조 주기적 관리: 6개월/1회(법적 사항) - 주기적인 수질검사 관리 및 성적서 관리
		총 대장균군		2	1	2	
		대장균		2	1	2	
	C	중금속(납 등)	- 원수 자체 오염 - 소독제 과다투입으로 인한 잔류 - 주변 오염된 물의 유입에 의한 오염	2	1	2	- 저수조 주기적 관리: 6개월/1회(법적 사항) - 외부 공인 기관 분석 의뢰 및 성적서 관리
		유해물질(페놀 등)		2	1	2	
		소독제(잔류염소 등)		2	1	2	
	P	경질이물	- 배관파손에 의한 혼입 - 저장탱크의 관리 미흡으로 인한 오염	2	1	2	- 저수조 시건 장치 - 저수조 주기적 관리: 6개월/1회(법적 사항) - 여과망 사용을 통한 이물 혼입 방지
가공식품 (고춧가루)	B	Staphylococcus aureus	- 원료 자체 오염 - 협력업체 생산관리 및 보관관리 부족으로 교차오염 및 증식 - 협력업체 운반관리(차량 위생 등) 부족으로 교차오염	1	2	2	- 원료 입고 시 성적서 수령 및 육안검사 실시 - 운반관리(차량 위생 등) 기준 수립 및 준수 - CCP-1BP, CCP-2BP 세척공정에서 제어
		Clostridium perfrigens		1	1	1	
		Salmonella.spp		2	1	2	
		장출혈성대장균		3	1	3	
		Listeria. Monocytogenes		3	1	3	
		Bacillus cereus		1	2	2	
		대장균군		2	1	2	
		진균류(효모, 곰팡이)		2	1	2	
	C	Aflatoxin(곰팡이독소)	- 원료 자체 오염 - 협력업체 생산·보관 중 관리 부족으로 잔류 및 오염	2	1	2	- 원료 입고 시 성적서 수령 및 육안검사 실시
		오클라톡신		2	1	2	
		잔류농약		2	2	4	
	P	머리카락, 비닐 등	- 협력업체 생산·보관, 작업자 관리 미흡으로 혼입 - 협력업체 운반관리(차량 위생 등) 부족으로 혼입	1	1	1	- 원료 입고 시 성적서 수령 및 육안검사 실시 - 운반관리(차량 위생 등) 기준 수립 및 준수 - CCP-4P 금속검출공정에서 제어
		돌, 모래, 플라스틱 등		2	1	2	
		금속성 이물 (나사, 못, 칼날 등)		3	1	3	
		쇳가루		3	1	3	

HACCP관리기준
위해요소 분석

[예시] 원부재료 위해요소분석표

원,부재료	구분	위해요소 명칭	위해요소 발생원인	위험도 평가 심각성	위험도 평가 발생가능성	위험도 평가 종합평가	예방조치 및 관리방법
수산물 (젓갈 등)	B	Staphylococcus aureus	- 원료 자체 오염 - 협력업체 생산관리 및 보관관리 부족으로 교차오염 및 증식 - 협력업체 운반관리(차량 위생 등) 부족으로 교차오염	1	2	2	- 원료 입고 시 성적서 수령 및 육안검사 실시 - 운반관리(차량 위생 등) 기준 수립 및 준수 - CCP-1BP, CCP-2BP 세척공정에서 제어
		Clostridium perfrigens		1	2	2	
		Salmonella.spp		2	1	2	
		장출혈성대장균		3	1	3	
		Listeria. Monocytogenes		3	1	3	
		Bacillus cereus		1	2	2	
		대장균군		2	1	2	
		Vibrio parahaemolyticus		2	1	2	
	C	납	- 원료 자체 오염 - 협력업체 생산·보관 중 관리 부족으로 잔류 및 오염	2	1	2	- 원료 입고 시 성적서 수령 및 육안검사 실시
		총 수은		2	1	2	
		타르색소		1	2	2	
	P	머리카락, 비닐 등	- 협력업체 생산·보관, 작업자 관리 미흡으로 혼입 - 협력업체 운반관리(차량 위생 등) 부족으로 혼입	1	1	1	- 원료 입고 시 성적서 수령 및 육안검사 실시 - 운반관리(차량 위생 등) 기준 수립 및 준수 - CCP-4P 금속검출공정에서 제어
		돌, 모래, 플라스틱 등		2	1	2	
		금속성 이물 (나사, 못, 칼날 등)		3	1	3	
가공식품 (찹쌀)	B	Staphylococcus aureus	- 원료 자체 오염 - 협력업체 생산관리 및 보관관리 부족으로 교차오염 및 증식 - 협력업체 운반관리(차량 위생 등) 부족으로 교차오염	1	2	2	- 원료 입고 시 성적서 수령 및 육안검사 실시 - 운반관리(차량 위생 등) 기준 수립 및 준수 - CCP-1BP, CCP-2BP 세척공정에서 제어 - CCP-3B 가열공정에서 제어
		Clostridium perfrigens		1	2	2	
		Salmonella.spp		2	1	2	
		장출혈성대장균		3	1	3	
		Listeria. Monocytogenes		3	1	3	
		Bacillus cereus		1	2	2	
		대장균군		2	1	2	
	C	납	- 원료 자체 오염 - 협력업체 생산·보관 중 관리 부족으로 잔류 및 오염	2	1	2	- 원료 입고 시 성적서 수령 및 육안검사 실시
		총 수은		2	1	2	
		타르색소		1	2	2	
	P	머리카락, 비닐 등	- 협력업체 생산·보관, 작업자 관리 미흡으로 혼입 - 협력업체 운반관리(차량 위생 등) 부족으로 혼입	1	1	1	- 원료 입고 시 성적서 수령 및 육안검사 실시 - 운반관리(차량 위생 등) 기준 수립 및 준수 - CCP-4P 금속검출공정에서 제어
		돌, 모래, 플라스틱 등		2	1	2	
		금속성 이물 (나사, 못, 칼날 등)		3	1	3	

HACCP관리기준
위해요소 분석

[예시] 원부재료 위해요소분석표

원,부재료	구분	위해요소 명칭	위해요소 발생원인	심각성	발생가능성	종합평가	예방조치 및 관리방법
가공식품 (소금)	B	Staphylococcus aureus	- 원료 자체 오염 - 협력업체 생산관리 및 보관관리 부족으로 교차오염 및 증식 - 협력업체 운반관리(차량 위생 등) 부족으로 교차오염	1	2	2	- 원료 입고 시 성적서 수령 및 육안검사 실시 - 운반관리(차량 위생 등) 기준 수립 및 준수 - CCP-3B 가열공정에서 제어
		Clostridium perfrigens		1	2	2	
		Salmonella.spp		2	1	2	
		장출혈성대장균		3	1	3	
		Listeria. Monocytogenes		3	1	3	
		Bacillus cereus		1	2	2	
		대장균군		2	1	2	
	C	납	- 원료 자체 오염 - 협력업체 생산·보관 중 관리 부족으로 잔류 및 오염	2	1	2	- 원료 입고 시 성적서 수령 및 육안검사 실시
		총 수은		2	1	2	
		타르색소		1	2	2	
		황산이온		2	1	2	
		페로시안화이온		2	1	2	
	P	머리카락, 비닐 등	- 협력업체 생산·보관, 작업자 관리 미흡으로 혼입 - 협력업체 운반관리(차량 위생 등) 부족으로 혼입	1	1	1	- 원료 입고 시 성적서 수령 및 육안검사 실시 - 운반관리(차량 위생 등) 기준 수립 및 준수 - CCP-4P 금속검출공정에서 제어
		돌, 모래, 플라스틱 등		2	1	2	
		금속성 이물 (나사, 못, 칼날 등)		3	1	3	
가공식품	B	Staphylococcus aureus	- 원료 자체 오염 - 협력업체 생산관리 및 보관관리 부족으로 교차오염 및 증식 - 협력업체 운반관리(차량 위생 등) 부족으로 교차오염	1	2	2	- 원료 입고 시 성적서 수령 및 육안검사 실시 - 운반관리(차량 위생 등) 기준 수립 및 준수 - CCP-1BP, CCP-2BP 세척공정에서 제어 - CCP-3B 가열공정에서 제어
		Clostridium perfrigens		1	2	2	
		Salmonella.spp		2	1	2	
		장출혈성대장균		3	1	3	
		Listeria. Monocytogenes		3	1	3	
		Bacillus cereus		1	2	2	
		대장균군		2	1	2	
		진균류(효모, 곰팡이)		2	1	2	
	C	납	- 원료 자체 오염 - 협력업체 생산·보관 중 관리 부족으로 잔류 및 오염	2	1	2	- 원료 입고 시 성적서 수령 및 육안검사 실시
		카드뮴		2	1	2	
	P	연질이물(머리카락, 실)	- 협력업체 생산·보관, 작업자 관리 미흡으로 혼입 - 협력업체 운반관리(차량 위생 등) 부족으로 혼입	1	1	1	- 원료 입고 시 성적서 수령 및 육안검사 실시 - 운반관리(차량 위생 등) 기준 수립 및 준수 - CCP-4P 금속검출공정에서 제어
		경질이물(돌, 플라스틱)		2	1	2	
		금속조각		3	1	3	

HACCP관리기준
위해요소 분석

[예시] 원부재료 위해요소분석표

원,부재료	구분	위해요소 명칭	위해요소 발생원인	심각성	발생가능성	종합평가	예방조치 및 관리방법
PET	B	Staphylococcus aureus	- PET 자체에서 오염 - 협력업체 생산관리 및 보관관리 부족으로 교차오염 및 증식 - 협력업체 운반관리(차량 위생 등) 부족으로 교차오염	1	1	1	- 입고 시 성적서 수령 및 육안검사 실시 - 운반관리(차량 위생 등) 기준 수립 및 준수
		대장균군		2	1	2	
	C	납	- PET 자체 오염 - 협력업체 생산·보관 중 관리 부족으로 잔류 및 오염	2	1	2	- 입고 시 성적서 수령 및 육안검사 실시
		안티몬		2	1	2	
		게르마늄		2	1	2	
		테레프탈산		2	1	2	
		이소프탈산		2	1	2	
	P	금속성 이물 (나사, 못, 칼날 등)	- 협력업체 생산·보관, 작업자 관리 미흡으로 혼입 - 협력업체 운반관리(차량 위생 등) 부족으로 혼입	3	1	3	- 입고 시 성적서 수령 및 육안검사 실시 - 운반관리(차량 위생 등) 기준 수립 및 준수
		돌, 모래, 플라스틱 등		2	1	2	
		머리카락, 비닐 등		1	1	1	
PET용 왕관	B	Staphylococcus aureus	- PET 왕관 자체에서 오염 - 협력업체 생산관리 및 보관관리 부족으로 교차오염 및 증식 - 협력업체 운반관리(차량 위생 등) 부족으로 교차오염	1	1	1	- 입고 시 성적서 수령 및 육안검사 실시 - 운반관리(차량 위생 등) 기준 수립 및 준수
		대장균군		2	1	2	
	C	납	- PET 왕관 자체 오염 - 협력업체 생산·보관 중 관리 부족으로 잔류 및 오염	2	1	2	- 입고 시 성적서 수령 및 육안검사 실시
	P	돌, 모래, 플라스틱 등	- 협력업체 생산·보관, 작업자 관리 미흡으로 혼입 - 협력업체 운반관리(차량 위생 등) 부족으로 혼입	2	1	2	- 입고 시 성적서 수령 및 육안검사 실시 - 운반관리(차량 위생 등) 기준 수립 및 준수
		머리카락, 비닐 등		1	1	1	
PE	B	Staphylococcus aureus	- PE 자체에서 오염 - 협력업체 생산관리 및 보관관리 부족으로 교차오염 및 증식 - 협력업체 운반관리(차량 위생 등) 부족으로 교차오염	1	1	1	- 입고 시 성적서 수령 및 육안검사 실시 - 운반관리(차량 위생 등) 기준 수립 및 준수
		대장균군		2	1	2	
	C	납	- PE 자체 오염 - 협력업체 생산·보관 중 관리 부족으로 잔류 및 오염	2	1	2	- 입고 시 성적서 수령 및 육안검사 실시
		카드뮴		2	1	2	
	P	금속성 이물 (나사, 못, 칼날 등)	- 협력업체 생산·보관, 작업자 관리 미흡으로 혼입 - 협력업체 운반관리(차량 위생 등) 부족으로 혼입	3	1	3	- 입고 시 성적서 수령 및 육안검사 실시 - 운반관리(차량 위생 등) 기준 수립 및 준수
		돌, 모래, 플라스틱 등		2	1	2	
		머리카락, 비닐 등		1	1	1	

☞ TIP ☜ 사용하는 원료의 특성에 따라 수정, 보완 필요

(회사로고)	**HACCP관리기준**
	위해요소 분석

[예시] 공정별 위해요소분석표

☞ TIP ☜ 자사 공정 특성에 따라 수정, 보완 필요

제조공정	구분	위해요소	발생원인(유래)	위해 평가 심각성	위해 평가 발생가능성	위해 평가 종합평가	예방조치 및 관리방법
입고	B	대장균군	- 부적절한 작업장 관리에 의한 위해요소 증식 - 운송차량, 작업장, 제조설비, 기구용기, 검사장비, 운반도구, 청소도구 등 세척소독 관리 미흡으로 교차오염 - 작업자 위생 불량으로 교차오염 - 부적절한 작업장 청정도 관리로 교차 오염	2	1	2	- 작업장, 운반차량, 운반기구, 기구용기, 검사장비, 청소도구 세척 소독 관리 - 작업자 위생 교육 실시 및 준수 여부 확인 - 작업장 청정도 관리
		장출혈성대장균		3	1	3	
		Listeria monocytogenes		3	1	3	
		Bacillus cereus		1	1	1	
		Staphylococcus aureus		1	2	2	
		Salmonella spp.		2	1	2	
		Clostridium perfringens		1	1	1	
		Vibrio parahaemolyticus		3	1	3	
	P	연질이물(머리카락, 실)	- 운반차량, 작업자, 작업장, 제조설비, 기구용기, 검사장비, 운반도구, 청소도구 등 관리 부족 및 세척소독 관리 부족으로 교차오염 - 작업자 위생 불량으로 혼입	1	1	1	- 운반차량, 기구용기, 검사장비, 청소도구 세척소독 관리 및 파손유무 확인 - 작업자 위생 교육 실시 및 준수 여부 확인
		경질이물(돌, 흙 등)		2	2	4	
		금속조각		3	1	3	
보관	B	대장균군	- 부적절한 작업장 관리에 의한 위해요소 증식 - 작업자, 작업장, 제조설비, 기구용기, 검사장비, 운반도구, 청소도구 등 세척소독 관리 미흡으로 교차오염 - 작업자 위생 불량으로 교차오염 - 부적절한 작업장 청정도 관리로 교차 오염	2	1	2	- 작업장, 운반도구, 기구용기, 검사장비, 청소도구 세척 소독 관리 - 작업자 위생 교육 실시 및 준수 여부 확인 - 작업장 청정도 관리 - CCP-3B 가열공정에서 제어 - CCP-1BP, 2BP 세척공정에서 제어
		장출혈성대장균		3	1	3	
		Listeria monocytogenes		3	1	3	
		Bacillus cereus		1	1	1	
		Staphylococcus aureus		1	2	2	
		Salmonella spp.		2	1	2	
		Clostridium perfringens		1	1	1	
	P	연질이물(머리카락, 실)	- 작업자, 작업장, 제조설비, 기구용기, 검사장비, 운반도구, 청소도구 등 관리부족 및 세척소독 관리 부족으로 교차오염 - 작업자 위생 불량으로 혼입	1	1	1	- 작업장, 운반도구, 기구용기, 청소도구 세척소독 관리 및 파손유무 확인 - 작업자 위생 교육 실시 및 준수 여부 확인 - CCP-1BP, 2BP 세척공정에서 제어 - CCP-4P 금속검출공정에서 제어
		경질이물(돌, 플라스틱)		2	2	4	
		금속조각		3	1	3	
P-박스 세척	B	대장균군	- 부적절한 작업장 관리에 의한 위해요소 증식 - 작업자, 작업장, 제조설비, 기구용기, 검사장비, 운반도구, 청소도구 등 세척소독 관리 미흡으로 교차오염 - 작업자 위생 불량으로 교차오염 - 부적절한 작업장 청정도 관리로 교차 오염	2	1	2	- 작업장, 운반도구, 기구용기, 검사장비, 청소도구 세척 소독 관리 - 작업자 위생 교육 실시 및 준수 여부 확인 - 작업장 청정도 관리
		장출혈성대장균		3	1	3	
		Listeria monocytogenes		3	1	3	
		Bacillus cereus		1	1	1	
		Staphylococcus aureus		1	2	2	
		Salmonella spp.		2	1	2	
		Clostridium perfringens		1	1	2	
	P	연질이물(머리카락, 실)	- 작업자, 작업장, 제조설비, 기구용기, 검사장비, 운반도구, 청소도구 등 관리부족 및 세척소독 관리 부족으로 교차오염 - 작업자 위생 불량으로 혼입	1	1	1	- 작업장, 운반도구, 기구용기, 청소도구 세척소독 관리 및 파손유무 확인 - 작업자 위생 교육 실시 및 준수 여부 확인
		경질이물(돌, 흙 등)		2	1	2	
		금속조각		3	1	3	

(회사로고)	**HACCP관리기준**
	위해요소 분석

[예시] 공정별 위해요소분석표

제조 공정	구분	위해요소	발생원인(유래)	위해 평가			예방조치 및 관리방법
				심각성	발생가능성	종합평가	
P-박스 보관	B	대장균군	- 부적절한 작업장 관리에 의한 위해요소 증식 - 작업자, 작업장, 제조설비, 기구용기, 검사장비, 운반도구, 청소도구 등 세척소독 관리 미흡으로 교차오염 - 작업자 위생 불량으로 교차오염 - 부적절한 작업장 청정도 관리로 교차 오염	2	1	2	- 작업장, 운반도구, 기구용기, 검사장비, 청소도구 세척 소독 관리 - 작업자 위생 교육 실시 및 준수 여부 확인 - 작업장 청정도 관리
		장출혈성대장균		3	1	3	
		Listeria monocytogenes		3	1	3	
		Bacillus cereus		1	1	1	
		Staphylococcus aureus		1	2	2	
		Salmonella spp.		2	1	2	
		Clostridium perfringens		1	1	1	
	P	연질이물(머리카락, 실)	- 작업자, 작업장, 제조설비, 기구용기, 검사장비, 운반도구, 청소도구 등 관리부족 및 세척소독 관리 부족으로 교차오염 - 작업자 위생 불량으로 혼입	1	1	1	- 작업장, 운반도구, 기구용기, 청소도구 세척소독 관리 및 파손유무 확인 - 작업자 위생 교육 실시 및 준수 여부 확인
		경질이물(돌, 흙 등)		2	1	2	
		금속조각		3	1	3	
정선	B	대장균군	- 부적절한 작업장 관리에 의한 위해요소 증식 - 작업자, 작업장, 제조설비, 기구용기, 검사장비, 운반도구, 청소도구 등 세척소독 관리 미흡으로 교차오염 - 작업자 위생 불량으로 교차오염 - 부적절한 작업장 청정도 관리로 교차 오염	2	1	2	- 작업장, 기구용기, 검사장비, 청소도구 세척소독 관리 - 작업자 위생 교육 실시 및 준수 여부 확인 - 작업장 청정도 관리 - CCP-3B 가열공정에서 제어 - CCP-1BP, 2BP 세척공정에서 제어
		장출혈성대장균		3	1	3	
		Listeria monocytogenes		3	1	3	
		Bacillus cereus		1	1	1	
		Staphylococcus aureus		1	2	2	
		Salmonella spp.		2	1	2	
		Clostridium perfringens		1	1	1	
	P	연질이물(머리카락, 실)	- 작업자, 작업장, 제조설비, 기구용기, 검사장비, 운반도구, 청소도구 등 관리부족 및 세척소독 관리 미흡으로 교차오염 - 작업자 위생 불량으로 혼입	1	1	1	- 작업장, 기구용기, 검사장비, 청소도구 세척 소독 관리 및 파손유무 확인 - 작업자 위생 교육 실시 및 준수 여부 확인 - CCP-1BP, 2BP 세척공정에서 제어 - CCP-4P 금속검출공정에서 제어
		경질이물(돌, 흙 등)		2	2	4	
		금속조각		3	1	3	
전처리	B	대장균군	- 부적절한 작업장 관리에 의한 위해요소 증식 - 작업자, 제조설비, 기구용기, 검사장비, 운반도구, 청소도구 등 세척소독 관리 미흡으로 교차오염 - 작업자 위생 불량으로 교차오염 - 부적절한 작업장 청정도 관리로 교차오염	2	1	2	- 작업장, 기구용기, 검사장비, 청소도구 세척 소독 관리 - 작업자 위생 교육 실시 및 준수 여부 확인 - 작업장 청정도 관리 - CCP-3B 가열공정에서 제어 - CCP-1BP, 2BP 세척공정에서 제어
		장출혈성대장균		3	1	3	
		Listeria monocytogenes		3	1	3	
		Bacillus cereus		1	1	1	
		Staphylococcus aureus		1	2	2	
		Salmonella spp.		2	1	2	
		Clostridium perfringens		1	1	1	
	P	연질이물(머리카락, 실)	- 운반차량, 작업자, 작업장, 제조설비, 기구용기, 검사장비, 운반도구, 청소도구 등 관리부족 및 세척소독 관리 미흡으로 교차오염 - 작업자 위생 불량으로 혼입	1	1	1	- 운반차량, 기구용기, 검사장비, 청소도구 세척소독 관리 및 파손유무 확인 - 작업자 위생 교육 실시 및 준수 여부 확인 - CCP-1BP, 2BP 세척공정에서 제어 - CCP-4P 금속검출공정에서 제어
		경질이물(돌, 흙 등)		2	2	4	
		금속조각		3	1	3	

(회사로고)	**HACCP관리기준**
	위해요소 분석

[예시] 공정별 위해요소분석표

제조공정	구분	위해요소	발생원인(유래)	심각성	발생가능성	종합평가	예방조치 및 관리방법
염수제조	B	대장균군	- 부적절한 작업장 관리에 의한 위해요소 증식 - 작업자, 작업장, 제조설비, 기구용기, 검사장비, 청소도구 등 세척소독 관리 미흡으로 교차오염 - 작업자 위생 불량으로 교차오염 - 부적절한 작업장 청정도 관리로 교차 오염	2	1	2	- 작업장, 기구용기, 검사장비, 청소도구 세척 소독 관리 - 작업자 위생 교육 실시 및 준수 여부 확인 - 작업장 청정도 관리 - CCP-3B 가열공정에서 제어 - CCP-1BP, 2BP 세척공정에서 제어
		장출혈성대장균		3	1	3	
		Listeria monocytogenes		3	1	3	
		Bacillus cereus		1	1	1	
		Staphylococcus aureus		1	2	2	
		Salmonella spp.		2	1	2	
		Clostridium perfringens		1	1	1	
	P	연질이물(머리카락, 실)	- 작업자, 작업장, 제조설비, 기구용기, 검사장비, 청소도구 등 관리부족 및 세척소독 관리 미흡으로 교차오염 - 작업자 위생 불량으로 혼입	1	1	1	- 작업장, 운반도구, 기구용기, 청소도구 세척소독 관리 및 파손유무 확인 - 작업자 위생 교육 실시 및 준수 여부 확인 - CCP-1BP, 2BP 세척공정에서 제어 - CCP-4P 금속검출공정에서 제어
		경질이물(돌, 흙 등)		2	2	4	
		금속조각		3	1	3	
계량	B	대장균군	- 부적절한 작업장 관리에 의한 위해요소 증식 - 작업자, 작업장, 제조설비, 기구용기, 검사장비, 청소도구 등 세척소독 관리 미흡으로 교차오염 - 작업자 위생 불량으로 교차오염 - 부적절한 작업장 청정도 관리로 교차 오염	2	1	2	- 작업장, 운반도구, 기구용기, 검사장비, 청소도구 세척소독 관리 - 작업자 위생 교육 실시 및 준수 여부 확인 - 작업장 청정도 관리 - CCP-3B 가열공정에서 제어 - CCP-1BP, 2BP 세척공정에서 제어
		장출혈성대장균		3	1	3	
		Listeria monocytogenes		3	1	3	
		Bacillus cereus		1	1	1	
		Staphylococcus aureus		1	2	2	
		Salmonella spp.		2	1	2	
		Clostridium perfringens		1	1	1	
	P	연질이물(머리카락, 실)	- 작업자, 작업장, 제조설비, 기구용기, 검사장비, 청소도구 등 세척소독 관리 미흡으로 교차오염 - 작업자 위생 불량으로 혼입 - 제조설비, 기구 등 파손으로 인한 이물 혼입	1	1	1	- 작업장, 기구용기, 계량장비, 청소도구 세척 소독 관리 및 파손유무 확인 - 작업자 위생 교육 실시 및 준수 여부 확인 - CCP-1BP, 2BP 세척공정에서 제어 - CCP-4P 금속검출공정에서 제어
		경질이물(돌, 흙 등)		2	2	4	
		금속조각		3	1	3	
절단	B	대장균군	- 부적절한 작업장 관리에 의한 위해요소 증식 - 작업자, 작업장, 제조설비, 기구용기, 청소도구 등 세척소독 관리 미흡으로 교차오염 - 작업자 위생 불량으로 교차오염 - 부적절한 작업장 청정도 관리로 교차 오염	2	1	2	- 작업장, 기구용기, 검사장비, 청소도구 세척 소독 관리 - 작업자 위생 교육 실시 및 준수 여부 확인 - 작업장 청정도 관리 - CCP-3B 가열공정에서 제어 - CCP-1BP, 2BP 세척공정에서 제어
		장출혈성대장균		3	1	3	
		Listeria monocytogenes		3	1	3	
		Bacillus cereus		1	1	1	
		Staphylococcus aureus		1	2	2	
		Salmonella spp.		2	1	2	
		Clostridium perfringens		1	1	1	
	P	연질이물(머리카락, 실)	- 작업자, 작업장, 제조설비, 기구용기, 검사장비, 운반도구, 청소도구 등 관리 부족 및 세척소독 관리 미흡으로 교차오염 - 작업자 위생 불량으로 혼입	1	1	1	- 작업장, 운반도구, 기구용기, 검사장비, 청소도구 세척소독 관리 및 파손유무 확인 - 작업자 위생 교육 실시 및 준수 여부 확인 - CCP-1BP, 2BP 세척공정에서 제어 - CCP-4P 금속검출공정에서 제어
		경질이물(돌, 흙 등)		2	2	4	
		금속조각		3	1	3	

(회사로고)	**HACCP관리기준**
	위해요소 분석

[예시] 공정별 위해요소분석표

제조공정	구분	위해요소	발생원인(유래)	위해 평가 심각성	위해 평가 발생가능성	위해 평가 종합평가	예방조치 및 관리방법
수절임	B	대장균군	- 부적절한 작업장 관리에 의한 위해요소 증식 - 작업자, 작업장, 제조설비, 기구용기, 청소도구 등 세척소독 관리 미흡으로 교차오염 - 작업자 위생 불량으로 교차오염 - 부적절한 작업장 청정도 관리로 교차오염	2	1	2	- 작업장, 기구용기, 검사장비, 청소도구 세척소독 관리 - 작업자 위생 교육 실시 및 준수 여부 확인 - 작업장 청정도 관리 - CCP-3B 가열공정에서 제어 - CCP-1BP, 2BP 세척공정에서 제어
		장출혈성대장균		3	1	3	
		Listeria monocytogenes		3	1	3	
		Bacillus cereus		1	1	1	
		Staphylococcus aureus		1	2	2	
		Salmonella spp.		2	1	2	
		Clostridium perfringens		1	1	1	
	P	연질이물(머리카락, 실)	- 작업자, 작업장, 제조설비, 기구용기, 검사장비, 운반도구, 청소도구 등 세척소독 관리 미흡으로 교차오염 - 작업자 위생 불량으로 혼입	1	1	1	- 작업장, 기구용기, 검사장비, 청소도구 세척 소독 관리 및 파손유무 확인 - 작업자 위생 교육 실시 및 준수 여부 확인 - CCP-1BP, 2BP 세척공정에서 제어 - CCP-4P 금속검출공정에서 제어
		경질이물(돌, 흙 등)		2	2	4	
		금속조각		3	1	3	
찹쌀풀 및 육수 제조	B	대장균군	- 부적절한 작업장 관리에 의한 위해요소 증식 - 운송차량, 작업장, 제조설비, 기구용기, 청소도구 등 세척소독 관리 미흡으로 교차오염 - 작업자 위생 불량으로 교차오염 - 부적절한 작업장 청정도 관리로 교차오염 - 가열 기준 미준수로 인한 식중독균 잔존	2	1	2	- 운송차량, 작업장, 기구용기, 검사장비, 청소도구 세척 소독 관리 - 작업자 위생 교육 실시 및 준수 여부 확인 - 작업장 청정도 관리 - CCP-3B 가열공정에서 제어 - CCP-1BP, 2BP 세척공정에서 제어
		장출혈성대장균		3	1	3	
		Listeria monocytogenes		3	1	3	
		Bacillus cereus		1	1	1	
		Staphylococcus aureus		1	2	2	
		Salmonella spp.		2	1	2	
		Clostridium perfringens		1	1	1	
	P	연질이물(머리카락, 실)	- 운송차량, 작업자, 작업장, 제조설비, 기구용기, 청소도구 등 관리부족 및 세척소독 관리 미흡으로 교차오염 - 작업자 위생 불량으로 혼입	1	1	1	- 운반차량, 기구용기, 검사장비, 청소도구 세척소독 관리 및 파손유무 확인 - 작업자 위생 교육 실시 및 준수 여부 확인 - CCP-1BP, 2BP 세척공정에서 제어 - CCP-4P 금속검출공정에서 제어
		경질이물(돌, 흙 등)		2	1	2	
		금속조각		3	1	3	
세척	B	대장균군	- 부적절한 작업장 관리에 의한 위해요소 증식 - 운송차량, 작업장, 제조설비, 기구용기, 검사장비, 청소도구 등 세척소독 관리 미흡으로 교차오염 - 작업자 위생 불량으로 교차오염 - 부적절한 작업장 청정도 관리로 교차 오염 - 세척 기준 미준수로 인한 식중독균 잔존	2	1	2	- 작업장, 기구용기, 청소도구, 모니터링 도구 세척 소독 관리 - 작업자 위생 교육 실시 및 준수 여부 확인 - 작업장 청정도 관리 - CCP-1BP, 2BP 세척공정에서 제어
		장출혈성대장균		3	1	3	
		Listeria monocytogenes		3	1	3	
		Bacillus cereus		1	1	1	
		Staphylococcus aureus		1	2	2	
		Salmonella spp.		2	1	2	
		Clostridium perfringens		1	1	1	
	P	연질이물(머리카락, 실)	- 운반차량, 작업자, 작업장, 제조설비, 기구용기, 검사장비, 청소도구 등 관리부족 및 세척소독 관리 미흡으로 교차오염 - 작업자 위생 불량으로 혼입	1	1	1	- 작업장, 기구용기, 모니터링 도구, 청소도구 세척소독 관리 및 파손유무 확인 - 작업자 위생 교육 실시 및 준수 여부 확인 - CCP-1BP, 2BP 세척공정에서 제어 - CCP-4P 금속검출공정에서 제어
		경질이물(돌, 흙 등)		2	2	4	
		금속조각		3	1	3	

HACCP관리기준
위해요소 분석

[예시] 공정별 위해요소분석표

제조공정	구분	위해요소	발생원인(유래)	위해 평가 심각성	위해 평가 발생가능성	위해 평가 종합평가	예방조치 및 관리방법
탈수	B	Staphylococcus aureus	- 작업자 위생 불량으로 교차오염	1	2	2	- 작업자 위생 교육 실시 및 준수 여부 확인
	P	연질이물(머리카락, 실)	- 작업자, 작업장, 제조설비, 기구용기, 청소도구 등 세척소독 관리 미흡으로 교차오염	1	1	1	- 작업장, 기구용기, 제조설비, 청소도구 세척소독 관리 및 파손유무 확인
		금속조각	- 작업자 위생 불량으로 혼입	3	1	3	- 작업자 위생 교육 실시 및 준수 여부 확인 - CCP-4P 금속검출공정에서 제어
기타 농산물 보관	B	Staphylococcus aureus	- 작업자 위생 불량으로 교차오염	1	2	2	- 작업자 위생 교육 실시 및 준수 여부 확인
	P	연질이물(머리카락, 실)	- 작업자, 작업장, 제조설비, 기구용기, 청소도구 등 세척소독 관리 미흡으로 교차오염	1	1	1	- 작업장, 기구용기, 제조설비, 청소도구 세척소독 관리 및 파손유무 확인
		금속조각	- 작업자 위생 불량으로 혼입	3	1	3	- 작업자 위생 교육 실시 및 준수 여부 확인 - CCP-4P 금속검출공정에서 제어
기타 농산물 계량	B	Staphylococcus aureus	- 작업자 위생 불량으로 교차오염	1	2	2	- 작업자 위생 교육 실시 및 준수 여부 확인
	P	연질이물(머리카락, 실)	- 작업자, 작업장, 제조설비, 기구용기, 청소도구 등 세척소독 관리 미흡으로 교차오염	1	1	1	- 작업장, 기구용기, 제조설비, 청소도구 세척소독 관리 및 파손유무 확인
		금속조각	- 작업자 위생 불량으로 혼입	3	1	3	- 작업자 위생 교육 실시 및 준수 여부 확인 - CCP-4P 금속검출공정에서 제어
분쇄 및 절단	B	Staphylococcus aureus	- 작업자 위생 불량으로 교차오염	1	2	2	- 작업자 위생 교육 실시 및 준수 여부 확인
	P	연질이물(머리카락, 실)	- 작업자, 작업장, 제조설비, 기구용기, 청소도구 등 세척소독 관리 미흡으로 교차오염	1	1	1	- 작업장, 기구용기, 제조설비, 청소도구 세척소독 관리 및 파손유무 확인
		금속조각	- 작업자 위생 불량으로 혼입	3	1	3	- 작업자 위생 교육 실시 및 준수 여부 확인 - CCP-4P 금속검출공정에서 제어
양념 혼합	B	Staphylococcus aureus	- 작업자 위생 불량으로 교차오염	1	2	2	- 작업자 위생 교육 실시 및 준수 여부 확인
	P	연질이물(머리카락, 실)	- 작업자, 작업장, 제조설비, 기구용기, 청소도구 등 세척소독 관리 미흡으로 교차오염	1	1	1	- 작업장, 기구용기, 제조설비, 청소도구 세척소독 관리 및 파손유무 확인
		금속조각	- 작업자 위생 불량으로 혼입	3	1	3	- 작업자 위생 교육 실시 및 준수 여부 확인 - CCP-4P 금속검출공정에서 제어
속넣기	B	Staphylococcus aureus	- 작업자 위생 불량으로 교차오염	1	2	2	- 작업자 위생 교육 실시 및 준수 여부 확인
	P	연질이물(머리카락, 실)	- 작업자, 작업장, 제조설비, 기구용기, 청소도구 등 세척소독 관리 미흡으로 교차오염	1	1	1	- 작업장, 기구용기, 제조설비, 청소도구 세척소독 관리 및 파손유무 확인
		금속조각	- 작업자 위생 불량으로 혼입	3	1	3	- 작업자 위생 교육 실시 및 준수 여부 확인 - CCP-4P 금속검출공정에서 제어
계량	B	Staphylococcus aureus	- 작업자 위생 불량으로 교차오염	1	2	2	- 작업자 위생 교육 실시 및 준수 여부 확인
	P	연질이물(머리카락, 실)	- 작업자, 작업장, 제조설비, 기구용기, 청소도구 등 세척소독 관리 미흡으로 교차오염	1	1	1	- 작업장, 기구용기, 제조설비, 청소도구 세척소독 관리 및 파손유무 확인
		금속조각	- 작업자 위생 불량으로 혼입	3	1	3	- 작업자 위생 교육 실시 및 준수 여부 확인 - CCP-4P 금속검출공정에서 제어
내포장	B	Staphylococcus aureus	- 작업자 위생 불량으로 교차오염	1	2	2	- 작업자 위생 교육 실시 및 준수 여부 확인
	P	연질이물(머리카락, 실)	- 작업자, 작업장, 제조설비, 기구용기, 청소도구 등 세척소독 관리 미흡으로 교차오염	1	1	1	- 작업장, 기구용기, 제조설비, 청소도구 세척소독 관리 및 파손유무 확인
		금속조각	- 작업자 위생 불량으로 혼입	3	1	3	- 작업자 위생 교육 실시 및 준수 여부 확인 - CCP-4P 금속검출공정에서 제어

(회사로고)	**HACCP관리기준**
	위해요소 분석

[예시] **공정별 위해요소분석표**

제조공정	구분	위해요소	발생원인(유래)	위해 평가			예방조치 및 관리방법
				심각성	발생가능성	종합평가	
금속검출	B	*Staphylococcus aureus*	- 작업자 위생 불량으로 교차오염	1	2	2	- 작업자 위생 교육 실시 및 준수 여부 확인
	P	연질이물(머리카락, 실)	- 작업자, 작업장, 제조설비, 기구용기, 청소도구 등 세척소독 관리 미흡으로 교차오염 - 작업자 위생 불량으로 혼입	1	1	1	- 작업장, 기구용기, 제조설비, 청소도구 세척소독 관리 및 파손유무 확인 - 작업자 위생 교육 실시 및 준수 여부 확인 - CCP-4P 금속검출공정에서 제어
		금속조각		3	1	3	
외포장	B	*Staphylococcus aureus*	- 작업자 위생 불량으로 교차오염	1	2	2	- 작업자 위생 교육 실시 및 준수 여부 확인
	P	연질이물(머리카락, 실)	- 작업자 위생 불량으로 혼입	1	1	1	- 작업자 위생 교육 실시 및 준수 여부 확인
보관출하	B	*Staphylococcus aureus*	- 작업자 위생 불량으로 교차오염	1	2	2	- 작업자 위생 교육 실시 및 준수 여부 확인
	P	연질이물(머리카락, 실)	- 작업자 위생 불량으로 혼입	1	1	1	- 작업자 위생 교육 실시 및 준수 여부 확인

(회사로고)	**HACCP관리기준**
	중요관리점(CCP) 결정

CCP결정도

☞ TIP ☞ CCP결정도를 이용하여 자사 CCP 선정

○ 중요관리점이란 위해요소분석에서 파악된 위해요소를 예방, 제어 또는 허용 가능한 수준까지 감소시킬 수 있는 최종 단계 또는 공정을 말한다.

○ 중요관리점(CCP)결정도를 이용하여 위해요소 분석에 의한 위해평가 결과 중요위해(3점 이상)으로 선정된 위해요소에 대하여 적용한다.

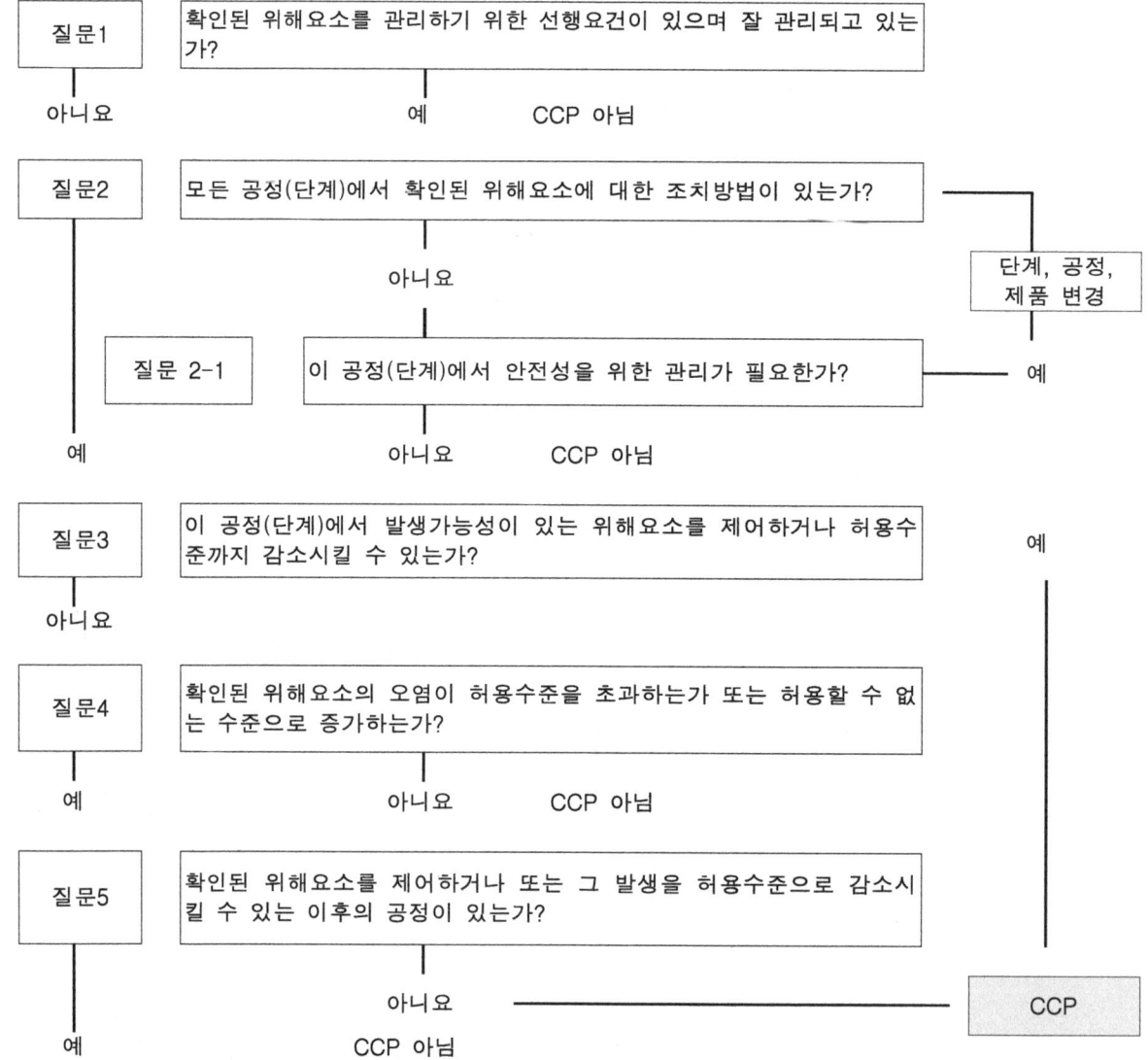

- 40 -

HACCP관리기준
중요관리점(CCP) 결정

(회사로고)

[예시] CCP 결정도

☞ TIP ☜ 위해평가 결과 3점 이상의 위해요소에 대해 적용

공정명	구분	위해요소	질문1 Y: CP N: 질문2	질문2 Y: 질문3 N: 질문2-1	질문2-1 Y: 질문2 N: CP	질문3 Y: CCP N: 질문4	질문4 Y: 질문5 N: CP	질문5 Y : CP N : CCP	중요관리점 결정
입고	B	Listeria monocytogenes	No	Yes		No	Yes	Yes (가열, 세척)	CP
		장출혈성대장균	No	Yes		No	Yes	Yes (가열, 세척)	CP
	P	경질이물(돌, 흙)	No	Yes		No	Yes	Yes (세척)	CP
		금속이물	No	Yes		No	Yes	Yes (금속검출)	CP
보관	B	Listeria monocytogenes	No	Yes		No	Yes	Yes (가열, 세척)	CP
		장출혈성대장균	No	Yes		No	Yes	Yes (가열, 세척)	CP
	P	경질이물(돌, 흙)	No	Yes		No	Yes	Yes (세척)	CP
		금속이물	No	Yes		No	Yes	Yes (금속검출)	CP
P-box 세척	B	Listeria monocytogenes	No	Yes		No	Yes	Yes (가열, 세척)	CP
		장출혈성대장균	No	Yes		No	Yes	Yes (가열, 세척)	CP
	P	경질이물(돌, 흙)	No	Yes		No	Yes	Yes (세척)	CP
		금속이물	No	Yes		No	Yes	Yes (금속검출)	CP
P-box 보관	B	Listeria monocytogenes	No	Yes		No	Yes	Yes (가열, 세척)	CP
		장출혈성대장균	No	Yes		No	Yes	Yes (세척)	CP
	P	경질이물(돌, 흙)	No	Yes		No	Yes	Yes (세척)	CP
		금속이물	No	Yes		No	Yes	Yes (금속검출)	CP
정선	B	Listeria monocytogenes	No	Yes		No	Yes	Yes (가열, 세척)	CP
		장출혈성대장균	No	Yes		No	Yes	Yes (가열, 세척)	CP
	P	경질이물(돌, 흙)	No	Yes		No	Yes	Yes (세척)	CP
		금속이물	No	Yes		No	Yes	Yes (금속검출)	CP
전처리	B	Listeria monocytogenes	No	Yes		No	Yes	Yes (가열, 세척)	CP
		장출혈성대장균	No	Yes		No	Yes	Yes (가열, 세척)	CP
	P	경질이물(돌, 흙)	No	Yes		No	Yes	Yes (세척)	CP
		금속이물	No	Yes		No	Yes	Yes (금속검출)	CP

| (회사로고) | HACCP관리기준 중요관리점(CCP) 결정 |

[예시] CCP 결정도

공정명	구분	위해요소	질문1 Y: CP N: 질문2	질문2 Y: 질문3 N: 질문2-1	질문2-1 Y: 질문2 N: CP	질문3 Y: CCP N: 질문4	질문4 Y: 질문5 N: CP	질문5 Y : CP N : CCP	중요관리점결정
염수제조	B	*Listeria monocytogenes*	No	Yes		No	Yes	Yes (가열, 세척)	CP
		장출혈성대장균	No	Yes		No	Yes	Yes (가열, 세척)	CP
	P	경질이물(돌, 흙)	No	Yes		No	Yes	Yes (세척)	CP
		금속이물	No	Yes		No	Yes	Yes (금속검출)	CP
계량	B	*Listeria monocytogenes*	No	Yes		No	Yes	Yes (가열, 세척)	CP
		장출혈성대장균	No	Yes		No	Yes	Yes (가열, 세척)	CP
	P	경질이물(돌, 흙)	No	Yes		No	Yes	Yes (세척)	CP
		금속이물	No	Yes		No	Yes	Yes (금속검출)	CP
절단	B	*Listeria monocytogenes*	No	Yes		No	Yes	Yes (가열, 세척)	CP
		장출혈성대장균	No	Yes		No	Yes	Yes (가열, 세척)	CP
	P	경질이물(돌, 흙)	No	Yes		No	Yes	Yes (세척)	CP
		금속이물	No	Yes		No	Yes	Yes (금속검출)	CP
수절임	B	*Listeria monocytogenes*	No	Yes		No	Yes	Yes (가열, 세척)	CP
		장출혈성대장균	No	Yes		No	Yes	Yes (가열, 세척)	CP
	P	경질이물(돌, 흙)	No	Yes		No	Yes	Yes (세척)	CP
		금속이물	No	Yes		No	Yes	Yes (금속검출)	CP
찹쌀풀 및 육수 제조	B	*Listeria monocytogenes*	No	Yes		No	Yes	Yes (가열, 세척)	CCP
		장출혈성대장균	No	Yes		No	Yes	Yes (가열, 세척)	CCP
	P	경질이물(돌, 흙)	No	Yes		No	Yes	Yes (세척)	CP
		금속이물	No	Yes		No	Yes	Yes (금속검출)	CP
세척	B	*Listeria monocytogenes*	No	Yes		No	Yes	Yes (세척)	CCP
		장출혈성대장균	No	Yes		No	Yes	Yes (세척)	CCP
	P	경질이물(돌, 흙)	No	Yes		No	Yes	Yes (세척)	CP
		금속이물	No	Yes		No	Yes	Yes (금속검출)	CP
탈수	P	금속이물	No	Yes		No	Yes	Yes (금속검출)	CP

| (회사로고) | **HACCP관리기준**
중요관리점(CCP) 결정 |

[예시] CCP 결정도

공정명	구분	위해요소	질문1 Y: CP N: 질문2	질문2 Y: 질문3 N: 질문2-1	질문2-1 Y: 질문2 N: CP	질문3 Y: CCP N: 질문4	질문4 Y: 질문5 N: CP	질문5 Y : CP N : CCP	중요관리점 결정
기타 농산물 보관	P	금속이물	No	Yes		No	Yes	Yes (금속검출)	CP
기타 농산물 계량	P	금속이물	No	Yes		No	Yes	Yes (금속검출)	CP
분쇄 및 절단	P	금속이물	No	Yes		No	Yes	Yes (금속검출)	CP
양념 혼합	P	금속이물	No	Yes		No	Yes	Yes (금속검출)	CP
속넣기	P	금속이물	No	Yes		No	Yes	Yes (금속검출)	CP
계량	P	금속이물	No	Yes		No	Yes	Yes (금속검출)	CP
내포장	P	금속이물	No	Yes		No	Yes	Yes (금속검출)	CP
금속 검출	P	금속이물	No	Yes		No	Yes	Yes (금속검출)	CCP
외포장	P	금속이물	No	Yes		No	Yes	Yes (금속검출)	CP
보관 출하	P	금속이물	No	Yes		No	Yes	Yes (금속검출)	CP

(회사로고)	**HACCP관리기준**
	한계기준 설정

8. 개요

한계기준은 CCP에서 취해져야 할 예방조치에 대한 한계기준을 설정하는 것이다. 한계기준은 CCP에서 관리되어야 할 생물학적, 화학적 또는 물리적 위해요소를 예방, 제어 또는 허용 가능한 안전한 수준까지 감소시킬 수 있는 최고치 또는 최소치를 말하며, 안전성을 보장할 수 있는 과학적 근거에 기초하여 설정되어야 한다.

8.1. 한계기준 표시 방법

1) 한계기준은 제품 생산과 관련된 생산팀, 품질관리팀 등 전 HACCP팀원이 참여하여 설정해야하고, 제조공정의 변화, 작업환경의 변화 시 신속하게 조정하여 제품의 안전성이 침해되지 않도록 해야 한다.
2) 한계기준은 현장에서 쉽게 확인 가능하도록 가능한 육안관찰이나 간단한 측정으로 확인할 수 있는 수치 또는 특정지표로 나타내어야 한다.
   ① 온도 및 시간
   ② 세척시간, 세척 압력
   ③ 알코올 농도
   ④ pH, 염소, 염분농도 같은 화학적 특성
   ⑤ 필터크기, 압력
   ⑥ 관련서류 확인 등
3) 한계기준은 초과되어서는 아니 되는 양 또는 수준인 상한기준과 안전한 식품을 취급하는데 필요한 최소량인 하한기준을 단독으로 설정 할 수 있다.
4) 한계기준은 다음과 같은 자료를 참고로 하여 설정하며 근거가 된 최신자료를 유지 관리한다.
   ① 식품위생관련 법규, 규정의 기준·규격
   ② 과학적 문헌, 서적 등
   ③ 기존의 사내위생관리 결과 데이터
   ④ 현장분석 및 실험자료

8.2. 한계기준 설정 절차

1) 결정된 중요관리점(CCP)공정에 대하여 위해요인을 충분히 제어하거나 허용수준까지 감소하기 위한 관리항목을 결정한다.
2) 중요관리점(CCP)의 관리항목별 위해를 제어하거나 허용수준까지 감소하기 위한 조건을 품질관리팀에서 국내외 문헌 조사를 하고 법적 기준/규격을 고려하여 예비기준을 설정한다.
3) 법적인 한계기준이 없을 경우, 업소에서 위해요소를 관리하기에 적합한 한계기준

(회사로고)	**HACCP관리기준**
	한계기준 설정

을 자체적으로 설정하며, 필요 시 외부전문가의 조언을 구한다.
4) 설정된 예비 기준을 근거로 생산현장에서 발생 될 수 있는 여러 외부조건 즉 제품의 맛, 품질, 위생 및 안전성 등을 고려하여 기준으로 정한다.
5) 설정된 기준은 생산 공정에서 현장시험을 실시하여 한계기준을 결정한다.
6) 설정한 한계기준을 뒷받침 할 수 있는 자료 또는 과학적 문헌 등 모든 자료를 유지·보관한다.
7) 품목별 중요관리점 공정에 대한 한계기준 항목을 작성한다.

한계기준 설정 예시

CCP No.	제조 공정	위해 요소 구분	위해요소/위해원인	한계기준(예시)
CCP-1	원재료 세척	BP	○ 위해요소 : 장출혈성대장균, 리스테리아, 경질이물(돌, 흙 등) ○ 위해원인 : - 세척공정 미준수로 인한 식중독균 및 경질이물 잔존 - 원재료, 작업환경으로부터 식중독균 오염 - 원재료, 작업환경으로부터 경질이물 혼입	- 원물량, 세척수량, 세척시간, 세척횟수, 세척수 교체주기
CCP-2	기타 농산물 세척	BP	○ 위해요소 : 장출혈성대장균, 리스테리아, 경질이물(돌, 흙 등) ○ 위해원인 : - 세척공정 미준수로 인한 식중독균 및 경질이물 잔존 - 원재료, 작업환경으로부터 식중독균 오염 - 원재료, 작업환경으로부터 경질이물 혼입	- 원물량, 세척수량, 세척시간, 세척횟수, 세척수 교체주기
CCP-3	가열	B	○ 위해요소 : 장출혈성대장균, 리스테리아 ○ 위해원인 : - 가열공정 미준수로 인한 식중독균 잔존 - 원재료, 작업환경으로부터 식중독균 오염	- 가열온도, 가열시간, 품온, 보관시간
CCP-4	금속 검출	P	○ 위해요소 : 금속이물 ○ 위해원인 : - 금속검출 미준수로 인한 이물 잔존 - 원재료, 작업환경으로부터 금속이물 혼입	- Fe 00, STS 00mm 이상 불검출

(회사로고)	**HACCP관리기준**
	모니터링 체계 확립

9. 개요

 모니터링이란 CCP에 해당되는 공정이 한계기준을 벗어나지 않고 안정적으로 운영되도록 관리하기 위하여 작업자 또는 기계적인 방법으로 수행하는 일련의 관찰 또는 측정수단이다.

 모니터링 체계를 수립하여 시행하게 되면, 첫째, 작업과정에서 발생되는 위해요소의 추적이 용이하며, 둘째, 작업공정 중 CCP에서 발생한 기준 이탈(deviation) 시점을 확인 할 수 있으며, 셋째, 문서화된 기록을 제공하여 검증 및 식품사고 발생 시 증빙자료로 활용할 수 있다.

9.1. 모니터링 유의점
1) CCP를 모니터링 하는 작업자는 해당 CCP에서의 모니터링 항목과 모니터링 방법을 효과적으로 올바르게 수행할 수 있도록 기술적으로 충분히 교육·훈련되어야 한다.
2) 모니터링 결과에 대한 기록은 예, 아니오 또는 적합, 부적합 등이 아닌 실제로 모니터링 한 결과를 정확한 수치로 기록해야 한다.

9.2. 모니터링 체계 확립 방법
1) 각 원료와 공정별로 가장 적합한 모니터링 절차를 파악한다.
2) 모니터링 항목을 결정한다.
3) 모니터링 위치·지점, 방법을 결정한다.
4) 모니터링 주기(빈도)를 결정한다.
5) 모니터링 결과를 기록할 서식을 결정한다.
6) 모니터링 담당자를 지정하고 훈련시킨다.

9.3. 설정된 모니터링방법 효과성 판단 방법
1) 모든 CCP가 포함되어 있는가?
2) 모니터링의 신뢰성이 평가되었는가?
3) 모니터링 장비의 상태는 양호한가?
4) 작업현장에서 실시하는가?
5) 기록서식은 사용하는데 편리한가?
6) 기록은 정확히 이루어지는가?
7) 기록은 실시간으로 이루어지는가?
8) 기록이 지속적으로 이루어지는가?
9) 모니터링 주기가 적절한가?
10) 시료채취 계획은 통계적으로 적절한가?

| (회사로고) | **HACCP관리기준** |
| | **모니터링 체계 확립** |

11) 기록결과는 정기적으로 통계 처리하여 분석하는가?
12) 현장 기록과 모니터링 계획이 일치하는가?

(회사로고)	**HACCP관리기준**
	개선조치 방법 설정

10. 개요

HACCP 계획은 식품으로 인한 위해요소가 발생하기 이전에 문제점을 미리 파악하고 시정하는 예방체계이므로, 모니터링 결과 한계기준을 벗어날 경우 취해야 할 개선조치 방법을 사전에 설정하여 신속한 대응조치가 이루어지도록 하여야 한다.
일반적으로 취해야할 개선조치 사항에는 공정상태의 원상복귀, 한계기준이탈에 의해 영향을 받은 관련식품에 대한 조치사항, 이탈에 대한 원인규명 및 재발방지 조치, HACCP 계획의 변경 등이 포함된다.

10.1. 개선조치 방법 설정에 대한 질문사항

1) 이탈된 제품을 관리하는 책임자는 누구이며, 기준 이탈 시 모니터링 담당자는 누구에게 보고하여야 하는가?
2) 이탈의 원인이 무엇인지 어떻게 결정할 것인가?
3) 이탈의 원인이 확인되면 어떤 방법을 통하여 원래의 관리상태로 복원시킬 것인가?
4) 한계기준이 이탈된 식품(반제품 또는 완제품)은 어떻게 조치할 것인가?
5) 한계기준 이탈시 조치해야 할 모든 작업에 대한 기록·유지 책임자는 누구인가?
6) 개선조치 계획에 책임 있는 사람이 없을 경우 누가 대신할 것인가?
7) 개선조치는 언제든지 실행가능한가?

10.2. 개선조치 방법 확립 절차

1) 각 CCP별로 가장 적합한 개선조치 절차를 파악한다.
2) CCP별로 잠재적 위해요소의 심각성에 따라 차등화 하여 개선조치 방법을 결정한다.
3) 개선조치 결과의 기록서식을 결정한다.
4) 개선조치 담당자를 지정하고 교육·훈련시킨다.

10.3. 개선조치 완료 후 확인해야 할 기본 사항

1) 한계기준 이탈의 원인이 확인되고 제거되었는가?
2) 개선조치 후 CCP는 잘 관리되고 있는가?
3) 한계기준 이탈의 재발을 방지할 수 있는 조치가 마련되어 있는가?
4) 한계기준 이탈로 인해 오염되었거나 건강에 위해를 주는 식품이 유통되지 않도록 개선조치 절차를 시행하고 있는가?

(회사로고)	**HACCP관리기준**
	개선조치 방법 설정

10.4. 재이탈 방지를 위한 근본대책 수립
 1) 이탈에 대한 원인을 규명한 후 검사대상 기기, 관리일지 등을 토대로 같은 원인에 의한 이탈이 수차례에 걸쳐 나타나는지 여부를 확인한다.
 2) 개선에 장시간이 소요될 경우에는 기준이탈 원인을 상세히 규명하여 재발방지 및 개선 대책을 수립하여 필요시 HACCP 팀장에게 보고한다.
 3) HACCP 팀장은 보고된 개선계획서를 검토하여 투자여부를 결정하여 개선을 지시한다.

(회사로고)	**HACCP관리기준**
	HACCP Plan

11. 개요

　HACCP적용 품목의 원·부재료 입고에서부터 제품 출고에 이르기까지 관리기준, 모니터링방법, 개선조치 방법을 규정하여 서술한 표로서 식품의 안전성 확보를 위해 각 공정별 작업자가 준수해야 할 사항을 기록한 문서를 말한다.

11.1. HACCP 관리계획 작성원칙

　HACCP plan은 적용 제품별 또는 제품군별 작성하며, 제품군의 유형분류는 법적 제품군 분류에 기초하고 생산라인 및 공정특성을 추가적으로 고려하여 적용한다.
 1) 공정명
　중요관리점(CCP)결정에 기록된 해당 공정명과 CCP번호를 기록한다.
 2) 위해요소
　중요관리점(CCP)결정에 기록된 해당 위해종류 및 발생 원인을 기록한다.
 3) 한계기준
　① 한계기준은 해당 위해별로 식품의 안전성을 보증하기 위하여 식품위생법관련 법
　　 적 규정의 기준·규격, 각종문헌, 검사 및 시험결과 등을 근거로 하여 작성한다.
　② 한계기준은 원·부재료 입고에서부터 제품 출고에 이르기까지 각 공정의 관리성,
　　 최종관리항목과 실제항목의 상관성을 고려하여 설정한다.
 4) 모니터링
　① 대상 : 관리기준에서 결정된 중요관리점을 모니터링하기 위한 항목을 작성한다.
　② 방법 : 모니터링 항목에 대한 모니터링 방법(검사, 측정, 육안확인, 서류 확인,
　　 기준 발송 등)을 작성한다.
　③ 주기 : 모니터링 항목에 대해 모니터링 방법에 따라 위해를 예방하는데 필요한
　　 만큼 자주 수행할 수 있도록 주기, 빈도를 결정하여 작성한다.
　④ 담당자 : 모니터링 결과에 대한 내용을 기록할 표를 작성한다.
 5) 개선조치
　① 개선조치 방법 : 이탈사항에 대한 문제점을 완전히 해결할 수 있는 개선조치 방
　　 법을 기록한다.
 6) 검증방법, 기록문서
　① 검증방법 : 일상검증과 정기검증 방법 및 주기를 작성한다.
　② 기록문서 : 모니터링 일지 등 관련 기록 문서를 작성한다.

(회사로고)	**HACCP관리기준**
	HACCP Plan

11.2. HACCP PLAN 작성
1) HACCP Plan 예시(원재료 세척 공정)

제조공정		원재료 세척 공정
CCP번호		CCP-1BP
위해 요소	종류	○ 식중독균, 경질이물
	발생 원인	○ 세척공정 미준수로 인한 식중독균 및 경질이물 잔존 ○ 원료, 작업환경으로부터 식중독균 오염 ○ 원료, 작업환경으로부터 경질이물(돌, 흙 등) 오염
한계기준(C.L)		○ 원료량(00㎏ 이하), 세척수량(00ℓ이상/분), 세척시간(00~00분), 세척횟수(o회 이상), 세척수 교체주기
모니터링 및 일상 검증	대상 및 항목	○ 원료량, 세척수량, 세척시간, 세척횟수, 세척수 교체주기
	방법	○ 원료량 : 저울을 이용하여 무게를 측정 후 기록 ○ 세척수량 : 세척조에 부착된 수량계나 저울을 이용하여 수량을 측정 후 기록 ○ 세척시간 : 타이머를 이용하여 시간을 측정 후 기록 ○ 세척횟수 : 육안으로 확인 후 기록 ○ 세척수 교체주기 : 저울, 시간 등을 이용하여 측정 후 기록
	주기	○ 작업 시작 시, 작업 종료 전, 작업 중 2시간 마다
	담당자	○ CCP-1BP 모니터링 담당자

개선 조치	방법	○ 세척기준 미만/초과 시
		  - 모니터링 담당자는 작업 시작을 보류한 후 생산팀장에게 보고
		  ▽ 한계기준 미달 시
		   - 작업을 중단하고 생산팀장에게 보고
		   - 세척공정이 한계기준 이내에 도달하도록 설비 조작 후 이전 모니터링 이후에 세척된 원료를 회수하여 육안확인 후, 부적합 제품은 부적합 장소에 보관 후 제품 폐기 여부를 승인
		   - 모니터링 일지에 개선 조치 사항을 기록하고 보고
		  ▽ 한계기준 초과 시
		   - 세척된 원료를 부적합 장소에 보관 후 제품 폐기 여부를 승인하고, 모니터링 일지에 개선 조치 사항을 기록하고 보고

	담당	○ CCP-1BP 모니터링 담당자, 생산팀장, 품질관리팀장
검증	일상	○ CCP-1BP 모니터링 일지 기록 검토 및 결재
	정기	○ 0회/년
기록 및 보관		○ CCP-1BP 모니터링 일지, 2년

(회사로고)	**HACCP관리기준**
	HACCP Plan

11.2. HACCP PLAN 작성
2) HACCP Plan 예시(기타농산물 세척 공정)

제조공정		기타농산물 세척 공정
CCP번호		CCP-2BP
위해 요소	종류	○ 식중독균, 경질이물
	발생 원인	○ 세척공정 미준수로 인한 식중독균 및 경질이물 잔존 ○ 원료, 작업환경으로부터 식중독균 오염 ○ 원료, 작업환경으로부터 경질이물(돌, 흙 등) 오염
한계기준(C.L)		○ 원물량(00㎏ 이하), 세척수량(00ℓ 이상/분), 세척시간(00~00분), 세척횟수(o회 이상), 세척수 교체주기
모니 터링 및 일상 검증	대상 및 항목	○ 원물량, 세척수량, 세척시간, 세척횟수, 세척수 교체주기
	방법	○ 원료량 : 저울을 이용하여 무게를 측정 후 기록 ○ 세척수량 : 세척조에 부착된 수량계나 저울을 이용하여 수량을 측정 후 기록 ○ 세척시간 : 타이머를 이용하여 시간을 측정 후 기록 ○ 세척횟수 : 육안으로 확인 후 기록 ○ 세척수 교체주기 : 저울, 시간 등을 이용하여 측정 후 기록
	주기	○ 작업 시작 시, 작업 종료 전, 작업 중 2시간 마다
	담당자	○ CCP-2BP 모니터링 담당자
개선 조치	방법	○ 세척기준 미만/초과 시 - 모니터링 담당자는 작업 시작을 보류한 후 생산팀장에게 보고 ▽ 한계기준 미달 시 - 작업을 중단하고 생산팀장에게 보고 - 세척공정이 한계기준 이내에 도달하도록 설비 조작 후 이전 모니터링 이후에 세척된 원료를 회수하여 육안확인 후, 부적합 제품은 부적합 장소에 보관 후 제품 폐기 여부를 승인 - 모니터링 일지에 개선 조치 사항을 기록하고 보고 ▽ 한계기준 초과 시 - 세척된 원료를 부적합 장소에 보관 후 제품 폐기 여부를 승인하고, 모니터링 일지에 개선 조치 사항을 기록하고 보고
	담당	○ CCP-2BP 모니터링 담당자, 생산팀장
검증	일상	○ CCP-2BP 모니터링 일지 기록 검토 및 결재
	정기	○ 0회/년
기록 및 보관		○ CCP-2BP 모니터링 일지, 2년

(회사로고)	**HACCP관리기준**
	HACCP Plan

11.2. HACCP PLAN 작성
3) HACCP Plan 예시 (가열 공정)

제조공정		가열 공정
CCP번호		CCP-4B
위해 요소	종류	○ 식중독균
	발생 원인	○ 가열공정 미준수로 인한 식중독균 잔존 ○ 원재료, 작업환경으로부터 식중독균 오염
한계기준(C.L)		○ 가열온도(00℃ 이상), 가열시간(00±0분), 품온(00℃ 이상), 보관시간(가열 종료 후 0 시간 이내)
모니터링 및 일상 검증	대상 및 항목	○ 가열온도, 가열시간, 품온, 보관시간
	방법	○ 가열온도, 품온 : 탐침온도계를 이용하여 온도를 측정 후 기록 ○ 가열시간 : 타이머를 이용하여 시간을 측정 후 기록 ○ 보관시간 : 작업 종료 후 타이머를 이용하여 사용이 완료될 때까지 시간을 기록
	주기	○ 작업 시작 시, 작업 종료 전, 작업 중 2시간 마다
	담당자	○ CCP-3B 모니터링 담당자
개선 조치	방법	○ 가열기준 미만/초과 시 - 모니터링 담당자는 작업 시작을 보류한 후 생산팀장에게 보고 ▽ 한계기준 미달 시 - 작업을 중단하고 생산팀장에게 보고 - 가열공정이 한계기준 이내에 도달하도록 설비 조작 후 이전 모니터링 이후에 가열된 원료를 회수하여 육안확인 후, 부적합 제품은 부적합 장소에 보관 후 제품 폐기 여부를 승인 - 모니터링 일지에 개선 조치 사항을 기록하고 보고 ▽ 한계기준 초과 시 - 가열된 원료를 부적합 장소에 보관 후 제품 폐기 여부를 승인하고, 모니터링 일지에 개선 조치 사항을 기록하고 보고
	담당	○ CCP-3B 모니터링 담당자, 생산팀장, 품질관리팀장
검증	일상	○ CCP-3B 모니터링 일지 기록 검토 및 결재
	정기	○ 0회/년
기록 및 보관		○ CCP-3B 모니터링 일지, 2년

(회사로고)	**HACCP관리기준**
	HACCP Plan

11.2. HACCP PLAN 작성
4) HACCP Plan 예시(금속검출 공정)

제조공정		금속검출 공정
CCP번호		CCP-4P
위해 요소	종류	○ 금속이물
	발생 원인	○ 금속검출 공정 미준수로 인한 금속이물 잔존 ○ 원재료, 작업환경으로부터 금속이물 혼입
한계기준(C.L)		○ Fe, STS 2.0 mmØ 이상 불검출
모니터링 및 일상 검증	대상 및 항목	○ Fe, STS
	방법	○ 기기감도 측정 : 기기 중간에 테스트피스를 통과시켜 검출여부를 확인 ○ 제품감도 측정 : 제품 중간에 테스트피스를 통과시켜 검출여부를 확인 ○ 통과량 및 검출량 측정 : 통과된 양과 검출된 양을 모니터링 일지에 기록
	주기	○ 기기감도 및 제품감도 측정 : 작업 시작 시, 작업 종료 시, 품목 교체 시, 작업 중 0시간 마다(또는 작업 중 0회) ○ 통과량 및 검출량 측정 : 작업 종료 시, 품목 교체 시
	담당자	○ CCP-4P 모니터링 담당자
개선 조치	방법	○ 금속이물 검출 시 - 모니터링 담당자는 작업 시작을 보류한 후 생산팀장에게 보고 - 금속검출기 재통과 시 금속이물 검출로 확정될 경우 부적합품 보관장소에 이동 후 검사하여 제품은 폐기하고 기록일지에 작성 ○ 감도 이상 시 - 모니터링 담당자는 작업 시작을 보류한 후 생산팀장에게 보고 - 즉시 감도를 조정 후, 이전 모니터링 이후 해당제품은 재검사 실시 ○ 기계 고장 시 - 모니터링 담당자는 작업 시작을 보류한 후 즉시 수리를 의뢰 - 수리 완료 후 테스트피스로 정상작동 여부 확인 후 다음 작업을 시작 - 수리가 완료될 때까지 공정품을 냉장고에 보관
	담당	○ CCP-4P 모니터링 담당자, 생산팀장
검증	일상	○ CCP-4P 모니터링 일지 기록 검토 및 결재
	정기	○ 이물 검출 검사 : 0회/0개월
기록 및 보관		○ CCP-4P 모니터링 일지, 2년

(회사로고)	**HACCP관리기준**
	검증

12. 적용범위
HACCP 관련 제반 관리활동의 적절성과 효과성을 평가하기 위한 일련의 관리 절차와 방법에 대하여 적용한다.

12.1. 목적
HACCP 관리체제의 적절성과 효과성을 평가하여 항상 효율적인 HACCP 관리 체제가 수립 및 운영되게 함으로써 완제품의 안전성을 보증하게 함에 그 목적이 있다.

12.2. 용어의 정의
1) 유효성(Validation)
  수립된 관리체제 및 그 운영의 결과가 과학적 타당성을 유지하면서 효과적으로 적절히 운용되는 상태를 말한다.
2) 검증(Verification)
  식품안전관리인증기준 계획이 적절한지 여부를 정기적으로 평가하는 일련의 활동(적용방법과 절차, 확인 및 기타 평가 등을 수행하는 행위를 포함한다)을 말한다.
3) 내부검증
  사내에서 자체적으로 검증원을 구성하여 실시하는 검증을 말한다.
4) 외부검증
  정부 또는 적격한 제3자가 검증을 실시하는 경우로 식품의약품안전처에서 HACCP 적용업소에 대하여 연1회 실시하는 사후 조사·평가를 말한다.
5) 검증원
  검증에 관한 업무를 수행한다.
6) 일상검증
  일상적으로 발생되는 HACCP 기록문서 등에 대하여 검토·확인하는 것을 말한다.
7) 특별검증
  새로운 위해정보가 발생시, 해당식품의 특성 변경 시, 원료·제조공정 등의 변동 시, HACCP 계획의 문제점 발생 시 실시하는 검증을 말한다.
8) 최초검증
  HACCP 계획을 수립하여 최초로 현장에 적용할 때 실시하는 HACCP 계획의 유효성 평가(Validation)를 말한다.
9) 정기검증
  정기적으로 HACCP 시스템의 적절성을 재평가 하는 검증을 말한다.

(회사로고)	**HACCP관리기준**
	검증

12.3. 책임과 권한

1) HACCP 팀장
 ① 검증팀의 구성과 검증팀장, 검증원을 선임 임명한다.
 ② HACCP Plan 및 선행요건 프로그램 유효성평가 실시계획 및 결과를 승인한다.
 ③ HACCP Plan 및 관리체제의 특별검증 결과를 검토 및 승인한다.
 ④ 유효성 평가결과 부적합 사항의 신속한 개선조치를 지원한다.
 ⑤ 검증활동에 대한 유효성 확인을 실시한 후 승인한다.
2) 검증팀장
 ① 각 검증원에 대한 자격인증과 검증임무를 부여한다.
 ② HACCP Plan 및 HACCP관리체제 특별검증을 실행한다.
 ③ 검증 후 HACCP팀 회의 시 검증 결과를 보고한다.
3) 검증원
 ① 승인된 검증계획에 의거하여 검증을 수행한다.
 ② 해당 검증항목에 대한 검증결과보고서의 계통을 보고한다.
4) 품질관리팀
 ① 정기 검증계획을 수립하여 HACCP 팀장의 승인을 득한다.
 ② 유효성 평가관련 개선조치의 확인 및 결과기록을 보관 관리한다.
5) 각 팀장
 ① HACCP 관리체제의 해당 부문 유지관리 및 일상검증을 시행한다.
 ② 검증으로 확인된 부적합사항에 대한 개선대책 수립 후 시행한다.

12.4. 검증의 실시 시기

1) 최초검증
 ① HACCP 계획의 최초 실행과정, 즉 해당 계획서가 작성된 이후 현장에 적용하면서 실제로 해당 계획이 효과가 있는지 확인하며, 다음 사항에 대하여 실시한다.
 ② 선행요건프로그램의 개정 필요성
 ③ 문서화된 HACCP PLAN의 유효성
 ④ 문서화된 HACCP PLAN에 따른 실행의 효과성(기록 분석 및 실증시험)
 ⑤ 제품별 HACCP 관리계획이 완성되면, 다음 사항에 대하여 실시한다.
  - 대상제품의 기초정보 파악결과의 적절성(제품설명서, 공정흐름도, 설비배치도 등)
  - 대상제품 관련 선행요건프로그램의 적절성(위생관리, 검사업무, 보관관리 등)
  - 대상제품 HACCP PLAN의 합리성 및 적절성(위해분석, 중요관리점, 모니터링, 개선 조치방법, 검증방법, 기록관리 방법 등)

(회사로고)	**HACCP관리기준**
	검증

⑥ HACCP 관리계획 검증 시 식품의약품안전처가 고시한 HACCP 실시상황평가표를 이용하여 실시하며 시험결과 또는 검증보고서를 첨부한다.

2) 일상검증
  ① 일상검증은 각 기준에서 정한 해당 모니터링 활동을 담당하는 해당부서 팀장이 실시함을 원칙으로 한다.
  ② 일상검증은 다음 중 하나 이상의 방법으로 실시한다.
   - 모니터링 활동 결과 기록의 검토(한계기준 이탈여부, 개선조치 실시여부 등)
   - 현장 입회관찰
   - 모니터링 항목이 의도하는 안전성 목표에 대한 검증시험(미생물시험 등)
  ③ 일상검증 실시결과는 해당 과장의 검토와 해당부서장의 승인으로 종결처리 한다.

3) 정기검증
  ① 정기검증은 각 기준서에서 정한 모니터링 활동의 유효성과 효과성을 평가하기 위하여 연간 검증 계획서에 의거 HACCP팀장이 실시함을 원칙으로 한다.
  ② 정기검증은 다음 중 하나 이상의 방법으로 실시한다.
   - 모니터링 활동 결과 기록의 통계적 분석(Data분석, 그래프분석 등)
   - 독립된 인원에 의한 해당 모니터링 항목의 입회관찰
   - 안전성목표 달성에 관한 검증시험(미생물시험, 기기분석, 공인기관시험 등)

4) 특별검증
  ① HACCP 관리계획의 식품이나 공정상에 실질적인 변경사항이 있는 경우, 또는 기존 계획서가 충분히 효과적이지 못할 수 있음을 나타내는 경우마다 실시한다.
  ② 새로운 위해정보가 발생 시, 해당식품의 특성 변경 시, 원료·제조공정 등의 변동 시, HACCP계획의 문제점 발생 시 실시한다.
  ③ 다음과 같은 상황이 발생될 시 특별검증(재평가)을 실시한다.
   ① 해당 식품과 관련된 새로운 안전성 정보가 있을 때
   ② 해당 식품이 식중독, 질병 등과 관련 될 때
   ③ 설정된 한계기준이 맞지 않을 때
   ④ HACCP 계획의 변경 시(신규원료 사용 및 변경, 원료 공급업체의 변경, 제조공정의 변경, 신규 또는 대체 장비 도입, 작업량의 큰 변동, 섭취대상의 변경, 공급체계의 변경, 종업원의 대폭 교체)

(회사로고)	**HACCP관리기준**
	검증

12.5. 검증내용

1) 유효성 평가
  ① 수립된 HACCP 계획이 해당식품이나 제조라인에 적합한지 즉, HACCP 계획이 올바르게 수립되어 있어 충분한 효과를 가지는지를 확인하는 것이다.
  ② 유효성 평가는 다음과 같은 사항을 점검한다.
   - 발생가능한 모든 위해요소를 확인·분석하였는지 여부
   - 제품설명서, 공정흐름도의 현장 일치 여부
   - CP, CCP 결정의 적절성 여부
   - 한계기준이 안전성을 확보하는데 충분한지 여부
   - 모니터링 체계가 올바르게 설정되어 있는지 여부
  ③ HACCP 계획의 유효성 평가에서는 설정한 CCP 및 한계기준이 적절한지, HACCP 계획이 효과적인지 확인하기 위한 수단으로 미생물 또는 잔류 화학물질 검사 등을 이용한다.

2) HACCP 계획의 실행성 검증
  ① HACCP 계획이 수립된 대로 효과적으로 이행되고 있는지 여부를 확인 한다.
  ② 실행성 검증은 다음과 같은 방법으로 시행한다.
   - 작업자가 CCP 공정에서 정해진 주기로 측정이나 관찰을 수행하는지 현장 입회 관찰한다.
   - 한계기준 이탈 시 개선조치를 취하고 있으며, 개선조치가 적절한지 확인하기 위한 기록을 검토 한다.
   - 개선조치의 실제 실행여부와 개선조치의 적절성 확인을 위하여 기록의 완전성·정확성 등을 자격 있는 사람이 검토하고 있는지 확인 한다.
   - 검사·모니터링 장비의 주기적인 검·교정 실시 여부 등을 확인하다.

12.6. 검증의 실행

1) 검증 계획의 수립
  ① 품질관리계는 전 년도에 실시한 검증결과를 근거로 당해 연도의 연간 검증계획서를 작성 한다.
  ② 당해 연도 계획수립은 매년 1월에 작성하여 검토 및 HACCP 팀장의 승인을 받는다.
  ③ 계획수립 시 검증종류, 검증원, 검증항목, 검증일정 등을 포함하여 수립한다.

2) 검증원 선임
  ① 검증원 자격 : HACCP 팀장은 연간 검증계획에 근거하여 아래 항목에서 2항목 이상 자격 요건을 갖춘 자를 선임하여 임명하고 검증원 자격 인증서를 발부한다.

(회사로고)	**HACCP관리기준**
	검증

- 회사의 대리급 이상의 간부
- 품질관리팀에서 검사 및 실험업무를 1년 이상 근무한 자
- HACCP 전문가과정 또는 팀장과정을 공인기관에서 수료한 자
- 공인기관 전문 검증자 또는 식품관련 연구원
- 현장관련업무 2년 이상 근무한 자
- 동종 업종에서 2년 이상의 경력을 갖추고 당사에서 1년 이상 근속하고 공정흐름을 이해한 자

② 검증팀장은 HACCP 팀장이 검증원에서 선임 한다.
③ HACCP팀장은 1월에 정기 검증원 및 특별 검증원을 선임해서 한해의 검증업무를 일임하고, 검증 유효성 평가를 실시하여 검증원 자격 인증서의 검증 실적란에 기입한다.

3) 검증팀 회의
① HACCP팀장은 HACCP 계획의 관리체계에서 식품의 위해요소가 발생했을 시 검증원을 소집하여 검증 실행 계획을 논의 한다.
② 정기검증은 정해진 일과 대상, 방법에 따라 세부 계획을 논의 한다.
③ 비정기검증(특별검증)은 발생 부적합에 따라 현장 상황을 고려하여 검증일, 검증대상, 검증방법을 논의 한다.
④ 검증팀 회의 후 검증실시 5일전에 피검증부서에 검증일, 검증장소, 검증 팀원 등을 통보하고 필요한문서 및 자료를 요청하여 원활한 검증이 이루어지도록 한다.

4) 검증 항목 설정
① 검증원은 검증점검표의 검증 항목 란에 검증항목을 정한다. 주요항목의 검증 시 고려해야 할 사항은 다음과 같다.
  - 위해요소 분석결과의 검증
    ▶ 선행요건 프로그램은 최종 위해요소 분석 수행 시와 동일한 신뢰수준을 유지하면서 운영, 관리되고 있는가?
    ▶ 제품 설명서, 유통경로, 용도와 소비자 등이 정확히 기술되어 있으며, 작업장평면도, 환기시설계통도, 용수 및 배수처리계통도 등이 현장과 일치하는가?
    ▶ 예비단계에서 수집된 위해관련 정보가 충분하며, 정확한가?
    ▶ 원료별, 공정별 발생가능성과 심각성을 고려하여 평가한 위해평가결과가 동일한 수준으로 판단되는가?
    ▶ 위해요소를 관리하기 위한 예방조치방법이 이 식품 및 공정에 가장 적합한 방법인가?
    ▶ 관리방법이 신뢰할 수 없거나 또는 효과적이지 않다는 것을 나타내는 모니터링 기록이나 개선조치 기록이 있는가?
    ▶ 보다 효과적으로 관리할 수 있는 새로운 정보가 있는가?

(회사로고)	**HACCP관리기준**
	검증

- CCP의 검증
    ▶ 현행 CCP가 위해요소 관리를 위한 공정상의 최적의 선택인가?
    ▶ 생산제품, 제조공정, 작업장 환경 변화 등으로 인하여 현행 CCP가 위해를 관리하기에 충분하지 않은가?
    ▶ CCP에서 관리되는 위해요소가 더 이상 심각한 위해가 아니거나 또는 다른 CCP에서 보다 효과적으로 관리되고 있는가?
- 한계기준의 평가
    ▶ 설정된 한계기준이 과학적인 근거를 충분히 가지고 있는가?
    ▶ 관련된 새로운 위해관련 정보가 있는가?
    ▶ 위항의 정보가 기존의 한계기준을 변경하도록 요구하는가?
    ▶ 한계기준 변경 시 생산제품에 대한 응용연구 결과, 문헌보고 내용, 식품안전 관련 관계 법령 변경 등 모든 정보, 자료를 근거로 한계기준에 대한 재평가를 수행 후 변경하였는가?
- 모니터링 활동의 재평가
    ▶ 개별 CCP에서의 모니터링 활동 내용이 정확한가?
    ▶ 모니터링활동은 해당 공정이 한계기준 이내에서 운영되고 있는지를 판정할 수 있는가?
    ▶ 모니터링 활동은 관리활동이 보증될 수 있는 충분한 빈도로 실시하고 있는가?
    ▶ 안정적인 관리상태 유지를 위해서 공정조정 혹은 개선조치가 얼마나 자주 요구 되는가?
    ▶ 보다 좋은 모니터링 방법이 있는가?
    ▶ 모니터링 도구 및 장비가 제대로 기능을 발휘하고 있으며, 교정된 상태를 유지하는가?
    ▶ 빈번한 일탈현상이 자동화된 모니터링 체계에 따른 문제점으로 밝혀진 경우에는 수동 모니터링체계 및 다른 방법을 간구하였는가?
- 개선조치의 평가
    ▶ 현행 개선조치가 모니터링 활동 내지는 한계기준 이탈 현상을 개선하고 관리 하는데 적절한가?
    ▶ 일탈사항 발생 시 개선조치 수립 내용이 반영되고 있는가?
② 그 외 검증 대상에 따라 검증항목을 달리 정할 수 있으며, 발생 가능한 모든 항목을 상세히 기록하여 누락되지 않도록 한다.
③ 선행요건프로그램의 검증항목은 식품의약품안전처가 발행한 선행요건평가표를 활용 할 수 있다.

5) 검증 활동
① 피검증 부서는 검증에 필요한 모든 자료를 제공해야 한다.
② 검증활동은 크게 (1)기록의 확인 (2)현장 확인 (3)시험·검사로 구분할 수 있다.
  - 기록의 확인
    ▶ 현행 HACCP 계획, 이전 HACCP 검증보고서(선행요건프로그램 포함), 모니터링 활동(검·교정기록 포함), 개선조치사항 등의 기록을 검토한다.

(회사로고)	**HACCP관리기준**
	검증

▸ 정기·특별검증 시에는 모든 기록을 광범위하게 검토하기 보다는 당사의 특성을 고려하여 특히 중요한 부분에 해당되는 모니터링 활동 및 CCP기록만을 검토한다.
▸ 모니터링 활동의 누락, 결과의 한계기준 이탈, 개선조치 적절성, 즉시 이행 및 유지에 대해 검토한다.

- 현장 확인
  ▸ 설정된 CCP의 유효성 확인
  ▸ 담당자의 CCP 운영, 한계기준, 모니터링 활동 및 기록관리 활동에 대한 이해 확인
  ▸ 한계기준 이탈 시 담당자가 취해야 할 조치사항에 대한 숙지 상태 확인
  ▸ 모니터링 담당 종업원의 업무 수행상태 면담 및 입회 관찰 확인
  ▸ 공정중의 모니터링 활동 기록의 일부 확인
- 시험·검사
  ▸ CCP가 적절히 관리되고 있는지 검증하기 위하여 주기적으로 시료를 채취하여 실험 분석을 실시한다.
  ▸ 검증점검표의 검증항목에 의한 검증활동 사항은 검증점검표의 점검내용 란에 기입한다.

6) 부적합 보고서 발행
① 다음 각 호의 사항에 해당하는 경우에는 경부적합으로 판정한다.
- 선행요건프로그램에 따른 과업의 우발적 실수 또는 누락
- HACCP PLAN 개발 관련의 정보파악이 누락되었지만 제품안전성에는 문제가 없는 것으로 판단되는 경우
- 기타 제품의 안전성에 직접 영향을 미치지 않는 작업 실수 또는 누락으로 7일 이내에 개선조치의 완료가 가능한 부적합
② 다음 각 호의 사항에 해당하는 경우에는 중부적합으로 판정한다.
- 선행요건프로그램에 따른 과업의 의도적 누락 또는 반복적 실수
- 제품의 안전성에 직접 영향을 미치는 관련 정보의 누락
- HACCP PLAN의 CCP에 대한 감시활동 또는 검증활동의 누락
- HACCP PLAN에 따른 모니터링 또는 검증절차가 한계기준을 벗어났음에도 개선 조치를 취하지 못한 경우
- HACCP PLAN에 따른 감시활동 결과가 이상 경향을 나타내고 있음에도 개선 조치를 취하지 않고 있는 경우
③ 검증팀은 관찰된 부적합 사항을 검증부적합 보고서 부적합 내용 란에 기입하고, 개선요구 방법에 대하여 개선요구 내용 란에 기입한다.
④ 부적합 내용은 사실에 근거하여야 하며, 반드시 객관적 증거가 있어야 한다. 증거자료로 일지 및 사진, 실험 값 등을 첨부한다.
⑤ 부적합 내용은 6하 원칙에 의거하여 누구나 그 내용을 명확히 알 수 있도록 기술하여야 한다.
⑥ 검증원은 부적합 보고서를 발행하여 피 검증부서의 확인 서명을 받아 1부는 피

(회사로고)	**HACCP관리기준**
	검증

검증부서에 발부하고, 1부는 품질관리팀에서 보관한다.

7) 개선조치
   ① 피 검증부서는 부적합 보고서에 지적된 사항에 대하여 발행일로부터 30일내에 개선조치를 실시하여야 한다.
   ② 피 검증부서는 부적합보고서에서 지적한 부적합 사항의 원인을 파악한다.
   ③ 피 검증부서는 검증개선조치 결과보고서의 개선조치 계획을 수립하고, 수립된 계획에 따라 개선조치 결과내용을 작성한다.
   ④ 피 검증부서는 작성한 개선조치보고서를 검증팀장에게 승인을 받아 조치한다.
   ⑤ 개선조치가 30일 이내에 이루어 질수 없는 경우 피 검증부서는 검증팀장과 협의하여 개선조치 기간을 연장할 수 있다.
   ⑥ 피 검증부서는 작성된 개선조치보고서 1부는 검증팀에 송부하고, 1부는 품질관리팀에 제출한다.
   ⑦ 검증원은 개선조치 검토결과가 미흡할 경우 재 개선을 요구할 수 있으며, 피 검증부서는 재 개선조치를 실시하고, 그 결과를 검증팀에게 검토 받아야 한다.

8) 사후관리
   ① 검증팀은 검증 결과 보고서를 작성한다.
   ② 검증팀은 개선조치 결과에 대한 유효성을 확인하여 검증 결과 보고서에 기록한다.
   ③ HACCP 팀장은 검증 결과 보고서를 검토하여 검증 유효성 평가 실시 후 검증 결과 보고서의 검증유효성확인란에 기록한다.
   ④ 검증팀은 품질관리팀에 검증 결과를 보고한다.
   ⑤ 품질관리팀은 검증활동 중 발생한 HACCP 계획의 개(수)정 사항을 확정하고 개정된 내용은 해당 부서에 통보하고, 해당 부서에서는 관련 내용을 교육한 후 교육보고서를 작성하여 기록을 유지한다. 해당부서는 검증내용에 따라 관리함으로써 검증활동을 종결한다.
   ⑥ HACCP 팀장은 검증팀의 검증자료 일체를 품질관리팀에 이관하도록 조치하여 사후 관리업무의 일관성을 유지하도록 한다.
   ⑦ 년 2회 실시 하는 내부 감사 및 외부 감사 시 검증 개선조치에 대한 효과성과 실행성을 확인한다.

(회사로고)	**HACCP관리기준**
	문서화 및 기록유지

13. 적용범위
 문서의 작성, 수·발신, 결재, 보관방법 등에 대한 책임사항 및 요구사항에 대하여 규정한다.

13.1. 목적
 문서작성, 처리, 보관, 보존, 열람, 폐기에 관한 기준을 정함으로서 문서의 작성 및 취급의 능률화와 통일을 기함을 목적으로 한다.

13.2. 용어의 정의
 1) 문서
 사무 행위, 요건, 절차 또는 결과를 보고 및 정보보관을 목적으로 글이나 그림으로 표현한 것과 전자매체에서 작성한 것을 말한다.
 2) 기록
 제품의 특성 및 성능 또는 환경요인에 영향을 미치는 행위의 결과나 그에 대한 객관적 증빙을 제공하는 완결된 문서를 말한다.
 3) 보관
 업무수행 중 작성된 문서 또는 입수한 자료가 보고 및 참고의 절차가 끝난 후 빈번하게 열람하거나 참고할 목적으로 각 부서 내 지정된 장소에 집합하여 관리하는 것을 보관이라고 한다.
 4) 보존
 사무실내에 보관중인 문서 중 활용도는 낮으나 추후 증거의 역할 및 기타 장래 업무에 필요하여 회사가 정한 장소에 보존 연한에 의거하여 관리하는 경우를 보존이라고 한다.
 5) 기안
 회사의 의사를 결정하기 위한 구체안을 성문화한 것을 말한다.
 6) 결재
 회사업무의 수행에 필요한 모든 문서 및 기록의 내용을 검토 후 그 문서의 내용이 적절함을 공식적으로 인정하는 승인행위로 제출된 문서에 서명 또는 날인하는 것을 말한다.
 7) 원본
 문서 및 기록의 요건에 부합되게 작성한 유일한 문서를 말한다.
 8) 사본
 원본으로부터 내용이 동일하게 복사 또는 복제하여 만든 문서 및 기록을 의미한다. 인쇄를 한 경우는 가장 양질의 것 1부를 원본으로 하고 기타 수량은 사본으로 간주 한다.

(회사로고)	**HACCP관리기준**
	문서화 및 기록유지

13.3. 책임과 권한
1) 생산팀장
 문서의 수, 발신, 배포 및 통제를 하여야 한다.
2) 문서작성자
 문서를 작성하고자 하는 자는 본 기준서에 따라 작성하며 작성된 문서는 검토와 승인을 받아야 한다.

13.4. 문서의 관리형태
1) 관리본(Controlled Copy)
 문서의 배부처가 배부대장에 기록되어 배포 관리되며, 발행 이후 그 개정분이 계속적으로 배부됨으로써 항상 최신 본으로 유지되는 문서를 말한다.
2) 비관리본(Uncontrolled Copy)
 발행 당시에는 최신본이나 그 후 개정본이 배부되지 않는 문서를 말하며 제품의 특성에 영향을 미치는 업무에 직접 적용할 수 없고 단순히 참고용으로 활용한다.

13.5. 문서의 작성
1) 문서의 식별표시
 문서는 그 사용목적에 따라 작성자, 발행일, 부서, 페이지 표시 등 해당문서의 식별이 가능하도록 각 문서별로 규정된 형식을 갖추어 작성하여야 한다.
2) 문서의 내용기술
 문서의 내용은 일의 내용이나 처리절차 순으로 기술하여 사용자가 쉽게 이해할 수 있는 형태로 작성하고 수행업무의 준수여부를 쉽게 판단할 수 있도록 수행 요건을 명확히 하여야 한다. 약자를 사용하는 경우 그 문서에서 한번은 약자를 설명하도록 한다.
 ① 문서는 해당되는 규정에 정해진 바에 따르며 읽기 쉽게 작성되어야 한다.
 ② 문서는 연필로 작성되어서는 안 된다(단, 연필로 작성하였을 경우와 fax 기록의 원본은 그 복사본만 문서로 관리할 수 있다).
 ③ 서식을 활용한 경우 모든 항목은 공란을 남기지 않고 채워져야 한다. 즉, 해당 내용이 없는 경우에는 줄을 긋거나 "해당사항 없음" 또는 "이하여백"을 표기하여 기록의 승인 후에 내용이 추가로 기록될 수 없도록 하여야 한다.
 ④ 문서의 일부분을 수정할 경우에는 해당 부위에 두 줄을 긋고 여백에 수정 또는 추가사항을 기입하고 수정, 추가한 곳에 해당 검토자나 승인자는 날인 또는 서명을 하여야 한다.

(회사로고)	**HACCP관리기준** **문서화 및 기록유지**

3) 문서의 작성방법
　① 항목구분 : 문서의 내용을 둘 이상의 항목으로 구분할 필요가 있을 때 다른 규정에 별도로 명시된 경우 외에는 다음과 같이 나누어 표시한다.
　　- 첫째 항목의 구분은 1, 2, 3, ... 으로 표시한다.
　　- 둘째 항목의 구분은 1.1, 2.1, 3.1, ... 으로 표시한다.
　　- 셋째 항목의 구분은 1.1.1, 2.2.2, 3.3.3 .... 로 표시한다.
　　- 넷째 항목의 구분은 1), 2), 3) .... 으로 표시한다.
　　- 다섯째 항목의 구분은 ①, ②, ③ .... 으로 표시한다.
　② 조항부호 부여 방법
　　- 문서의 내용 중 제목이 있는 것에 대해서는 그 제목 앞에 다음과 같은 계통적인 조항 부호를 부여하며 그 결합은 최대 2개로 한다 (N:숫자)
　　　N.　　　　대조항 부호
　　　N.N　　　중조항 부호
　　이때 조항부호는 좌측을 기준으로 하여 맞추며 마지막 조항부호의 뒤에는 점을 찍지 않는다. 단, 대조항 부호인 경우에는 조항부호 뒤에 점을 찍는다.
　　- 한 조항의 내용과 다른 조항의 내용은 서로 쉽게 구별하기 위하여 한 행 띄우고 기술하여야 한다.
　③ 세별부호 부여 방법
　　- 조항 안에 들어 있는 개개의 내용을 분류하여 순서적으로 나열할 경우 그 내용 앞에 다음과 같이 세별부호를 부여하여야 한다.
　　　　　예) 1.1
　　　　　　　　1.1.1
　　　　　　　　　1)
　　　　　　　　　2)
　　- 조항 부호와 세별 부호의 배열은 조항부호의 끝자리 수와 맞추어 세별부호를 기재한다. 단 대조 항인 경우에는 조항부호 뒤의 점에 맞춘다.
　　- 조항부호와 세별부호의 사이 및 세별부호의 내용 간에는 띄우지 않을 수 있다.
　　- 내용상의 분류를 나타내기는 하나 순서를 지정할 필요가 없는 경우에는 "○", "-" "☆" 등의 기호를 사용할 수 있다. 이때 세별부호 간에는 행을 띄우지 않는다.
　④ 이하여백 및 끝의 표시
　　- 본문의 내용을 기술할 때 그림, 표 등의 사용으로 부득이 하게 해당 페이지에 여백을 남기고 다음 페이지에 기술하여야 할 경우 기술된 마지막 행의 다음 행의 중앙 열에 다음과 같이"이하여백" 표시를 한다.

(회사로고)	**HACCP관리기준**
	문서화 및 기록유지

- 문서의 내용이 모두 기술되면 최종 페이지의 끝 행에는 "끝."이라 쓰고, 첨부 서류가 있을 경우에는 첨부명 다음에 "끝."이라 쓴다.
⑤ 페이지 표시 : 표지와 첨부물을 포함하여 페이지의 순서를 기재하여야 하며, 페이지의 번호는 문서의 우측 상부 또는 중간 하단에 1, 2, 3,순서로 "페이지/총 페이지"로 표시한다.
⑥ 인용 시 기재방법
  - 타 문서를 인용할 경우에는 인용된 문서의 명칭과 분류번호를 함께 기재한다. 이때 문서번호는 ( )안에 기재한다, 다만 반복할 경우에는 명칭만 기재할 수 있다.
  - 타 문서의 서식을 인용할 경우에는 해당 문서명칭과 서식의 명칭을 기재 하여야 한다. 이때 서식번호는 ( )안에 기재한다.
  - 첨부서식을 인용할 때는 첨부서식 제목과 첨부번호를 기재하여야 한다. 이때 첨부번호는 ( )안에 기재하며 반복하여 사용할 경우에는 첨부양식의 제목만 기재할 수 있다.
 4) 작성용지의 크기
 작성용지의 크기는 A4(210mm× 297mm)를 사용함을 원칙으로 하고 A4사용 시 내용을 나타내기 곤란할 경우에는 타 A, B계열의 용지사용이 가능하다.

13.6. 문서의 접수 및 발송
 1) 문서의 접수
  ① 모든 대외문서는 관리담당자가 일괄 접수하여 배부한다. 접수는 우편, 인편, FAX 등의 방법을 말한다.
  ② 관리담당자는 접수된 문서에 대해서는 문서접수대장(000-00-00)에 기록 후 담당자에게 전달한다.
  ③ 관리담당자 이외의 자가 대외문서를 접수한 때에는 지체 없이 문서관리담당자에게 인계하여 문서를 접수시킨다.
  ④ 개봉하기에 부적당하다고 인정되는 문서는 개봉하지 않고 해당자에게 배포한다.
 2) 문서의 발송
  ① 문서관리담당자는 승인이 완료된 문서를 문서발송대장에 기록한 후 발송절차에 따른다.
  ② 발송번호는 다음과 같이 작성한다.
  - 사외문서에는 원칙적으로 발송번호를 기입하여야 한다.
  - 문서의 발송번호는 문서발송대장상의 년도 일련번호로 구성된다.
    (예)   제 04-01 호
                │   │
                │   └─ 년도 발송 일련번호
                └────── 발송사업장 약호

HACCP관리기준
문서화 및 기록유지

13.7. 기록의 수정 또는 복원
1) 보관 중인 기록의 내용을 수정할 필요가 생긴 경우 담당자는 그 정당성을 검토하여야 한다. 수정을 요청한 자는 그 정당성을 입증하여야 하고 그 정당성이 인정될 경우 수정을 할 수 있다.
2) 승인 시에는 수정 또는 복원된 자료의 우측 상단 여백에 "수정자료" 또는 "복원자료"라고 명시하고 승인 일을 기재하여 서명 또는 날인하며 수정기록에 대해서는 수정이 필요한 부위에 두 줄을 긋고 여백에 수정내용을 기입한 후 수정일자와 서명 또는 날인하여야 한다.
3) 수정 또는 복원된 기록은 정당성 입증자료와 수정 전 또는 복원 전 기록과 함께 보관되어야 한다.

13.8. 문서의 보존
1) 수립기준
   ① 보존 연한은 각종 법정 보존 연한 등을 기준으로 지금까지의 사용경험과 향후 이용 가능성(법적문제, 정보로서의 활용가치)등을 고려하여 설정한다.
   ② 보존 연한은 영구, 10년, 5년, 3년, 1년의 5종류 사용을 원칙으로 한다. 단, HACCP관련 기록은 최소 2년 이상으로 한다.
   ③ HACCP과 관련된 문서의 보존 연한은 각 기준서의 "기록 및 보관"에 언급된 기한을 우선 적용한다.
2) 보존 연한
   ① 보존 연한은 최소한으로 보존하여야 할 기간이며 문서내용의 중요도에 따라 명시된 보존 연한 이상은 사용할 수 있으나 그 이전에는 폐기할 수 없다.
   ② 보존 연한 산정의 시작 시점은 별도 정한 경우가 없는 한 문서가 발생한 다음 사업 년도부터 기산한다.

(회사로고)	**HACCP관리기준**
	교육 · 훈련

14.1 적용범위

HACCP 시스템에 대한 전반적인 교육계획 수립부터 교육실시, 사후관리, 담당업무 및 자격부여에 대한 교육훈련에 대하여 적용한다.

14.2. 목적

HACCP 시스템에 대한 전반적인 교육 및 훈련을 수립·조정하고 위생관리에 능동적으로 참여할 수 있도록 교육 하는데 목적이 있다.

14.3. 용어의 정의

1) 정기교육 : HACCP팀 또는 외부 교육기관에서 실시하는 정기적인 교육을 말하며, 기본적인 위생관리 및 HACCP 시스템에 관한 내용을 포함한다.
2) 수시교육 : 종업원을 대상으로 식품위생법규 또는 HACCP 고시, 위생 및 HACCP 관리기준 등의 요건 변경 시 수시로 정보 입수 후 실시하는 교육을 말한다.
3) 내부교육 : 내부교육이라 함은 회사자체에서 실시하는 교육을 말한다.
4) 외부교육 : 외부교육이라 함은 식품위생관리인이 법정교육을 포함한 외부교육기관에서 실시하는 교육으로 세미나 등도 포함된다.
5) 현장교육 : HACCP팀 또는 HACCP팀장 및 실무책임자가 현장순회 점검 시 현장근무자가 위생규정을 위반한 항목 및 개인 등에 대하여 현장에서 즉시 교육하는 것을 말한다.
6) 협력업체 교육 : 협력업체 교육이라 함은 협력업체의 책임자나 담당자에 대한 위생관리 정기교육 및 수시 교육을 말한다.

14.4. 책임과 권한

1) HACCP팀장
   ① HACCP 시스템의 전반적인 교육, 훈련계획 수립 및 승인을 한다.
   ② 교육 및 훈련에 관한 예산을 수립한다.
   ③ 사내교육 시 교육 담당자를 선임할 수 있고 교육과정을 개설 운영한다.
   ④ 신규 입사자 및 현장근무자에 대한 연간 교육계획을 수립한다.
   ⑤ 사외 위탁교육, 훈련 수강을 신청한다.
   ⑥ 교육·훈련에 관한 기록(HACCP 팀장교육 이수자 내용 포함)
2) 품질관리팀장
   전 사원에 대한 교육계획을 수립 실시하고 그 결과 및 실적을 HACCP팀장에게 보고한다.
3) 각 팀 팀장
   소속부서에 필요한 직무, 안전 등의 교육계획을 수립하여 실시하고 그 결과 및 실적을 HACCP팀장에게 보고한다.

(회사로고)	**HACCP관리기준**
	교육 · 훈련

14.5. 교육·훈련의 종류

1) 일반 위생교육·훈련
  ① 작업장에서 원칙적으로 지켜져야 할 위생수칙에 관한 교육을 말한다.
  ② 교육·훈련 주체는 품질관리팀으로 하고 외부전문가를 초빙할 수도 있다.
  ③ 위생교육·실시 기록부에 교육내용을 작성하여 HACCP 팀장에게 제출하여야 한다.

2) HACCP 시스템 교육·훈련
  ① HACCP와 직접 관련된 내용을 중심으로 한 교육을 말한다.
  ② 교육·훈련 주체는 품질관리팀으로 하고 외부전문가를 초빙할 수도 있다.
  ③ 교육은 당사 HACCP기준서·해당직무 숙지 및 HACCP 전반적인 원론 습득, 타 업체 견학 등이 해당된다.

3) 사내 교육·훈련
  ① 각 팀장은 수립된 교육·훈련계획에 따라 해당 과정별 강사를 선임하여 적절한 시기에 강사에게 교육·훈련 일정을 통보한다.
  ② 강사는 교육·훈련일시, 과정명, 교육대상, 장소를 통보하며 참석 인원을 조사하여 해당 팀장에게 보고한다.
  ③ 교육·훈련 실시 후 강사는 참석 교육·훈련대상자의 명단, 교육자료를 첨부한 교육관리대장에 기록하여 HACCP 팀장의 승인을 받는다.

4) 사외 교육·훈련
  ① 각 팀장은 사외 교육·훈련이 필요하다고 판단될 시 사외 전문교육기관에 교육을 의뢰한다.
  ② 각 팀장은 교육·훈련대상자에게 기관, 기간, 일시를 일주일 전에 통보하여야 하며, 교육·훈련대상자는 참석 여부를 각 팀장에게 3일전에 전달하여야 한다.
  ③ 교육·훈련대상자는 교육·훈련 이수 후 교육·훈련의 내용을 각 팀장에게 해당수료증 사본(해당 시)과 함께 보고한다.

5) 협력업체 교육
  ① 협력업체 교육이라 함은 협력업체의 책임자나 담당자에 대한 위생관리 정기교육 및 비정기 교육을 말한다.
  ② 위생문제 발생 시 업체전체 또는 업체별 1대1 소집교육을 수행하며, 교육 내용 등을 기록, 유지한다.
  ③ 교육자는 품질관리팀장 또는 HACCP 팀장, 생산지원팀장 등으로 한다.

(회사로고)	**HACCP관리기준**
	교육·훈련

14.6. HACCP 적용업소 교육·훈련 법적사항
1) HACCP 적용업소 신규교육(6월 이내)
  ① HACCP적용업소 영업자 및 종업원은 시행규칙 제 64조 제1항 제1호의 규정에 의하여 HACCP 적용업소 인증일로부터 6월 이내에 신규 교육·훈련을 이수하여야 한다. 다만, HACCP적용업소로 인증을 받기 위하여 인증 이전에 신규 교육·훈련을 이수한 영업자 및 종업원은 신규 교육·훈련을 받은 것으로 본다.
  ② 제4항 제1호 및 제2호에 해당하는 자는 식품의약품안전처장이 지정한 교육·훈련기관에서 교육·훈련을 받아야 하고 제4항 제3호에 해당하는 자는 시행규칙 제 64조 제2항 규정에 의한 교육·훈련내용이 포함된 교육계획을 수립하여 자체적으로 실시 할 수 있다.
  ③ 신규교육의 종류 및 시간
   - 영업자 교육·훈련 : 2시간(식약처 지정교육)
   - HACCP팀장 교육·훈련 : 16시간(식약처 지정교육)
   - HACCP팀원, 기타 종업원 교육·훈련 : 4시간(내부교육)
2) HACCP 적용업소 정기교육(년1회 이상)
  ① 정기교육훈련 개시일은 인증일부터 1년이 경과된 시점을 기준으로 하거나 인증연도의 차기 연도를 기준으로 하여 실시할 수 있다.
  ② 정기교육의 종류 및 시간
   - HACCP 팀장 교육·훈련
     ▸ 시행규칙 제64조의 제1항 제2호의 규정에 의하여 식품의약품안전처장이 지정한 교육·훈련기관에서 교육·훈련을 받는다.
     ▸ 교육·훈련 시간 : 4시간 (HACCP팀원 대체가능)
   - HACCP팀원, 기타 종업원 교육·훈련
     ▸ 시행규칙 제64조의 2항에서 규정한 내용이 포함된 교육·훈련 계획을 수립하여 자체적으로 실시할 수 있다.
     ▸ 교육·훈련 시간 : 4시간

14.7. 교육·훈련계획의 수립
1) HACCP팀장은 각 팀장들로 하여금 교육·훈련의 필요성을 파악토록 한다.
2) 각 팀장은 해당 부서 직원들에게 필요한 교육을 파악하여 품질관리팀장에게 통보한다.
3) 품질관리팀장은 전 직원에 대한 HACCP교육 및 품질관리교육 필요성을 파악한다.
4) 각 팀장은 차기 연도 교육·훈련 필요성을 파악하고 HACCP 교육·훈련계획표, 일반위생 연간 교육·훈련 계획표를 작성하여 품질관리팀장에게 통보하며 품질관리팀장은 이를 취합하여 HACCP팀장에게 보고하고 승인을 득한다.

(회사로고)	**HACCP관리기준**
	교육·훈련

14.8. 교육·훈련 운영 절차

1) 영업자는 법적 교육·훈련 기준에 따라 HACCP팀장 및 팀원, 기타 종업원에 대한 교육을 실시하여야 한다.
2) 품질관리팀은 HACCP계획의 효율적인 운영을 위하여 각 팀별 소속 인원에 대한 개인별 교육·훈련의 필요성을 파악한 후 교육·훈련 규정의 절차에 따라 연간 교육·훈련계획표를 작성하여 HACCP팀의 승인을 득한 후 수립된 계획대로 교육·훈련을 실시한다.
3) 각 팀장은 HACCP 체제의 운영과정에서 교육훈련 계획서에 반영되지 않은 신규 교육·훈련 또는 외부교육기관의 공개교육을 이수할 필요성이 확인된 경우에는 HACCP팀장의 승인을 받아서 실시할 수 있다.
4) 사외 교육·훈련을 이수한 인원은 해당 교육이수를 입증할 수 있는 자료를 첨부한 사외 교육 보고서를 작성하여 품질관리팀에게 제출한다. 당사가 자체적으로 실시한 내부교육은 강사가 사내 교육·훈련보고서를 작성하여 교육결과를 검증할 수 있도록 하며 기록은 HACCP팀장에게 제출한다.
5) 외부 교육·훈련을 이수한 경우에는 교육 복명 후 그 내용을 전 직원 또는 해당 업무 수행자에게 전달교육을 실시한다.
6) HACCP 관련업무를 수행하는 모든 인원은 HACCP 계획서가 제대로 기능을 발휘할 수 있도록 필요에 맞게 교육·훈련 또는 재교육이 되어야 한다.

14.9. 교육·훈련의 실시

1) HACCP팀장은 연도별 교육·훈련계획에 의거하여 매월별로 교육·훈련을 실시한다.
2) HACCP팀장은 매 교육과정별 대상자 선정을 교육개시 3주전에 해당팀장에게 의뢰하고 선정된 인원에 대하여 교육·훈련명령, 교육안내, 교육출장 등 교육에 관한 사항을 교육 개시 전에 통보한다.
3) 교육대상자 소속팀장은 각 교육대상자에게 교육내용을 주지시키며 교육 참석이 불가할 경우 교육개시 전에 HACCP팀장 및 품질관리팀장에게 통보한다.

○ HACCP 교육·훈련 예시

구분	교육과정	대상	교육시간	비고
외부 교육	신규 교육·훈련	종업원	영업자 : 2시간	지정교육 수료
			팀장 : 16시간	지정교육 수료
			팀원 : 04시간	지정교육 또는 업소자체교육
	정기 교육·훈련	종업원	팀장 : 04시간	지정교육 수료 또는 자체 교육실시
			팀원 : 04시간	지정교육 수료 또는 자체 교육실시
사내 교육	선행요건관리교육 HACCP관리교육	전직원	2시간	1시간/월 분할하여 실시
	모니터링담당 교육	CCP모니터링 담당자	2시간	1시간/월 분할하여 실시

(회사로고)	**HACCP관리기준**
	교육 · 훈련

○ 위생 교육 · 훈련 예시

구분	교육과정		대상	교육시간	비고
외부 교육	정기 법정 위생교육		영업자	4시간	법정교육수료
	비정기 위생교육		영업자	8시간 이내	위생법, 공전 개정 등의 변경사항
사내 교육	선행 요건 관리 및 위생 교육	복장착용요령, 입·퇴실요령, 클레임 방지대책	전직원	8시간	위생교육, 모니터링교육, 보관·운반관련교육, 식품 위생관련 교육, 공정 교육 등
		손 세척 및 부대시설 이용방법			
		작업장, 부대시설 위생관리			
		청소소독방법			
		개인위생관리 및 식중독예방			
		공정별 이물 제거에 대한 방법			
		냉장·냉동창고 및 온도계 관리점검 방법			
		HACCP와 제조공정, 설비의 관리방법			
		살균 소독제의 사용방법			
		원·부재료, 완제품관리			
		기타-클레임 및 식품 이슈사항			
	신입사원 기초교육		신규채용사원	1시간 이상	입사 시 품질관리팀장에 의한 기본 교육 실시

14.10. 교육훈련의 관리

1) 사외교육 및 법정교육 이수자는 교육수료 후 1주일 내에 사외교육보고서를 작성하여 HACCP팀장의 승인을 득한다.
2) 사외 및 법정교육사항은 필요에 따라 전달교육을 하여 증빙자료를 첨부파일로 사외교육보고서에 첨부한다.
3) HACCP교육, 품질관리교육, 위생교육, 소방교육, 안전관리교육 등을 포함한 사내교육 실시 후 품질관리팀장은 사내교육보고서를 작성하여 해당부서에 그 기록을 유지관리 한다.
4) 신입사원 교육 주관부서 팀장은 신입사원으로 하여금 매일 교육일지를 작성토록 하고, 교육완료 후 HACCP팀장에게 종합 보고한다.

14.11. HACCP팀원의 이력관리

HACCP팀장은 모든 HACCP팀원의 교육이력사항을 개인교육이력카드를 작성하여 관리하도록 한다.

(회사로고)	**HACCP관리기준**
	교육 · 훈련

14.12. 교육 강사자의 자격

1) 강사자는 HACCP팀장에게 임명받은 자가 실시할 수 있다.
2) 강사자는 담당교육 주제에 전문지식을 보유하며, 해당부서에서 근무하는 자로 한다.
3) HACCP 교육은 HACCP 교육기관에서 HACCP 팀장 또는 전문가 과정을 이수한 자가 실시할 수 있다.
4) 전직원 교육의 경우 HACCP 실무담당자가 HACCP 팀장교육을 이수한 자에 대해 교육을 실시하고 각 부서의 HACCP팀장 교육을 이수한 자는 각 부서에 전달교육을 실시할 수 있다.
5) 외부강사를 선임할 경우 식품관련 정부기관 및 공인된 기관에 근무하는 자가 교육을 할 수 있으며, 식품관련 직종에 종사하는 자로 위생 및 HACCP 관련부서에서 근무하는 자가 실시할 수 있다.

14.13. 교육·훈련 평가

1) 사내 교육·훈련 평가는 교육·훈련 계획의 이행정도, 교육대상자의 교육·훈련 내용 숙지 정도, 만족도등을 평가하며, 단순한 일반 위생교육·훈련인 경우에는 평가를 생략할 수 있다.
2) 평가는 연 1회 이상 실시하고 평가 결과를 분석하여, 기준서 등에 반영한다.
3) 사외 교육·훈련의 평가는 각 팀장이 교육·훈련 보고서 및 수료증을 확인하여 평가한다.
4) 교육·훈련 평가로 교육·훈련 효과가 그 목표에 미달된다고 판단 시 아래와 같이 재교육을 실시한다. (예시)

기준(100점)	내용
80점 이상	재교육 : 없음, 재시험 : 없음
50~70	재교육 : 있음, 재시험 : 없음
40점 이하	재교육 : 있음, 재시험 : 있음

선행요건관리기준 예시

선행요건관리

_____

[업 체 명]
_____

선행요건관리 목차

1. 총칙 ·· 76

2. 영업장 관리 ·· 86

3. 위생 관리 ··· 92

4. 제조 시설·설비 관리 ·· 116

5. 냉장·냉동 시설·설비 관리 ································ 118

6. 용수 관리 ··· 119

7. 보관·운송 관리 ·· 121

8. 검사 관리 ··· 124

9. 회수프로그램 관리 ··· 128

10. 첨부, 기록 및 보관 ·· 133

(회사로고)	**선행요건관리기준** **총칙**

1. 적용 범위

본 관리기준은 OOO(이하 "당사"라 한다)의 기타김치 HACCP적용 작업장 및 관련 시설에서의 선행요건관리를 위한 관리기준, 점검 방법 및 절차에 대하여 적용한다.

2. 목 적

본 기준서는 작업장 및 관련 시설의 설치 및 관리운영의 방법과 절차 등에 관한 사항을 규정함으로써 위생적이고 청결한 작업장을 유지하여 작업환경에서 오는 위해 요인을 사전 예방하는데 그 목적이 있다.

3. 용어의 정의

3.1. 건물 또는 건축물
기타김치 제조시설과 원료 및 제품의 보관, 폐기물 저장등과 부대시설(탈의실, 화장실 등)이 포함된 건축물을 말한다.

3.2. 영업장
제조시설과 원료 및 제품의 보관, 폐기물 저장 등과 부대시설(탈의실, 화장실 등)이 포함된 건축물을 말한다.
영업장은 침수되지 않아야 하며 지하수 등의 취수원은 화장실, 폐기물·폐수 처리시설, 동물사육장 등 기타 지하수가 오염될 우려가 있는 장소와 분리되어 있어야 한다.

3.3. 작업장
생산에 필요한 원료 보관, 정선, 전처리, 세척, 내포장 등에 필요한 작업실을 총칭한다.

3.4. 작업실
기타김치를 제조 또는 가공하기 위한 단위 공정의 장소로서 검수실, 완제품 및 자재창고, 원료 창고, 부재료창고, 전처리실, 세척실, 내포장실, 외포장실을 말한다.
1) 검수실 : 원·부재료의 입고 전 입고검사가 수행되는 공간을 말한다.
2) 완제품 및 자재 창고 : 주입 후 포장 완료된 제품 및 검수가 완료된 포장자재를 보관하는 공간을 말한다.
3) 원료 창고 : 검수가 완료된 원재료를 보관하는 공간을 말한다.
4) 부재료 창고 : 검수가 완료된 포장재료를 출고직전 보관하는 공간을 말한다.
5) 부원료 저장실 : 검수가 완료된 부원료를 보관하는 공간을 말한다.

| (회사로고) | **선행요건관리기준** |
| | **총칙** |

6) 전처리실 : 입고된 원부재료의 부가식부위 등을 제거하는 공간을 말한다.
7) 세척실 : 전처리가 완료된 원부재료를 용수를 이용하여 세척하는 공간을 말한다.
8) 내포장실 : 탈수가 완료된 원료에 혼합된 양념으로 속넣기를 하여 완제품 포장단위에 맞게 내포장하는 공간을 말한다.

3.5. 부대시설
　제품 제조를 위하여 간접적으로 지원된 건축물로서 작업장 출입구, 탈의실, 화장실, 실험실, 폐기물 보관소, 일반창고 등을 말한다.

3.6. 청결구역
　오염에 극히 민감하여 제품의 위생 및 안전에 직접적인 영향을 미치는 장소로서 미생물 관리가 필요한 장소를 말하며 필요에 따라 청결구역과 준청결구역을 둘 수 있다.
　1) 청결구역은 기타김치의 위생 및 안전에 직접적인 영향을 미치는 곳으로 현장소독 및 미생물적인 관리가 특히 요망되어 공중낙하세균 검사를 정기적으로 실시하여 관리하는 내포장실(속넣기가 완료된 공정품을 내포장지에 담는 장소)을 말한다.

3.7. 일반구역
　제조 또는 가공에 있어서 위생 및 안전에 직접적인 영향을 주지 않는 장소로서 정기적인 청소가 필요한 장소를 말한다.

3.8. 분리
　격벽을 설치하여 모든 작업실이 별개의 장소로 구별되어 작업자의 출입이 별도로 되어 있는 상태를 말한다.

3.9. 구획
　칸막이, 비닐커튼, 이동 가능한 벽 등에 의하여 작업공간을 구별하는 것을 말한다.

3.10. 구분
　선, 줄, 그물 등으로 간격을 두어 혼동이 되지 않도록 구별하는 것을 말한다.

3.11. 동선
　작업장 내 각각의 공정흐름에 따라 작업자 및 원·부재료, 포장재 등이 이동해야 하는 경로를 말한다.

(회사로고)	**선행요건관리기준**
	총칙

3.12. 식품
 모든 식품을 말한다. 다만, 약품으로서 섭취하는 것은 제외한다.

3.13. 식품첨가물
 식품을 제조·가공 또는 보존함에 있어 식품에 첨가, 혼합의 방법으로 사용되는 물질(기구 및 용기 포장의 살균·소독의 목적에 사용되어 간접적으로 식품에 이행될 수 있는 물질을 포함).

3.14. 위생
 1) 식품위생 : 식품, 첨가물, 도구 및 포장 등에서 나타날 수 있는 식품의 변질, 부패, 세균 증가, 식품이상 등의 상황이 발생 할 수 있는 가능성을 줄이기 위한 것으로 위생상의 피해를 미리 막기 위해 필요한 수단과 조치를 말한다.
 2) 개인위생 : 작업자의 건강상태와 두발, 손톱, 손 세척·소독 등의 청결 상태를 말한다.
 3) 복장위생 : 위생복, 위생모, 위생화, 위생장갑 등의 복장규격과 착용방법, 청결상태 등을 말한다.
 4) 환경위생 : 구충, 구서, 방제, 음용수 수질관리, 미생물 등의 오염 방지를 말한다.

3.15. 작업자 및 종업원
 작업장에서 근무하는 모든 사람으로서 제품 제조에 관여하는 사람들을 말한다.

3.16. 교차오염
 1) 식품이 아닌 겉 표면, 종사자의 손, 설비, 기구, 용기 등에 의하여 사방으로 위해 미생물을 옮김으로써 발생되는 의도하지 않은 오염을 말한다.
 2) 일반구역과 청결구역 간에 사람 또는 물건의 이동에 따른 오염의 전이가 발생하는 것을 말한다.

3.17. 설비
 식품과 직·간접적으로 접촉되는 기계, 장비류 등을 말한다.

3.18. 기구
 제품에 직접 접촉 되는 기계· 도구 기타의 물건을 말한다.

3.19. 건강진단
 "건강진단"이라 함은 작업자의 건강상태를 국가지정 의뢰기관에서 정기적으로 확인 실시하는 것을 말한다.

(회사로고)	**선행요건관리기준**
	총칙

3.20. 이물제거 도구 및 손세척 관련
 1) 에어샤워기 : 작업장에 입장하기 전에 거치는 에어 세척 장치로 인체나 물품에 부착한 먼지 등을 고속 청정 공기로 제거하는 장치를 말한다.
 2) 접착롤러 : 피복 등의 이물질 (먼지, 머리카락 등)을 제거하기 위해 사용하는 접착면이 있는 롤테이프를 말한다.
 3) 손 세척(기) : 작업장 출입구 등에 들어가기 전이나 작업 중에 물비누로 손의 미생물을 감소시키는 절차 및 위생설비를 말한다.
 4) 손 건조(기) : 손 세척 후 손을 건조시키는 절차 및 위생 설비를 말한다.
 5) 손 소독(기) : 손 세척 및 손건조 후 또는 작업 중 분무식 소독액으로 손의 미생물을 감소시키는 절차 및 위생 설비를 말한다.

3.21. 종업원 복장 착용
 1) 위생복 : 생산 종업원 및 위생 관련 업무 종업원이 착용하는 상하 작업복을 말한다.
 2) 위생모 : 머리카락이 제품에 혼입되지 않도록 머리에 착용하는 것을 말한다.
 3) 마스크 : 종업원의 입과 코로부터 교차오염이 발생하지 않도록 착용하는 것을 말한다.
 4) 안전화 및 위생화 : 종업원들이 작업장에서 착용하는 신발과 장화를 말한다.
 5) 위생장갑 : 종업원의 손으로부터 교차오염이 발생하지 않도록 착용하는 것을 말한다.

3.22. 방역
 위해 해충, 쥐 등을 없애기 위하여 행해지는 약제소독, 끈끈이 트랩 설치, 쥐먹이 상자 등의 활동을 말한다.

3.23. 방충·방서 설비
 1) 포충등 : 출입구 등 벌레가 들어오기 쉬운 곳과 작업장 내에 설치되어 날벌레나 위해 해충 등을 유도하여 포획 하는 설비 등을 말한다.
 2) 트랩(또는 끈끈이) : 작업장 내 포획되는 보행 해충 및 쥐의 종류를 파악하여 퇴치법을 찾고자 하는 모니터링 장비의 일종으로 쥐나 보행해충이 출입하기 용이한 이동경로에 끈끈이를 부착한 트랩을 설치하여 침입하는 보행해충을 포획하는 장치를 말한다.
 3) 쥐 먹이 상자 : 쥐가 현장에 들어오는 것을 예방하는 외곽 설치 장치로 쥐가 출입하기 용이한 이동경로에 항혈액 응고제를 첨가한 살서제를 넣어 쥐를 죽이는 장치를 말한다.
 4) 화랑곡나방 트랩 : 곡식 건조 시 서식하기 쉬운 화랑곡나방을 퇴치하고자 트랩 내부에 호르몬제를 발라 화랑곡나방을 포획 하는 장치를 말한다.

(회사로고)	**선행요건관리기준**
	총칙

3.24. MSDS(물질 안전보건 자료)
　유해물질(당사에서 사용하는 세척 및 소독제)의 명칭, 주의사항, 영향, 특성, 독성, 대처방법, 응급조치요령 등이 기재되어 있는 것을 말한다.

3.25. 에어커튼
　위에서 아래로 압축공기를 분출시키고 흡입구를 아래쪽에 설치하여 공기유막을 만들어 외부에서 유입되는 먼지 및 해충등을 차단하는 설비를 말한다.

3.26. 세척
　"세척"라 함은 작업장 내·외부의 모든 곳을 깨끗이 쓸고, 닦고, 털어내어 눈으로 보거나 만져보아도 항상 청결을 유지하는 것을 말한다.

3.27. 소독
　소독약제, 열탕으로 제품을 유해한 세균으로부터 보호하기 위하여 병원균을 사멸하는 것을 말한다.

3.28. 세정
　제조설비가 위생적으로 관리되어 제품에 교차오염이 되지 않도록 세제로 조치하는 수단을 말한다.

3.29. 위생 점검
　작업자의 개인위생 및 현장위생 상태를 주기적으로 점검하여 지적 내용을 조치하는 수단을 말한다.

3.30. 냉장 설비
　제품 냉각 및 제품 창고 온도를 유지하기 위하여 압축, 응축, 팽창, 증발 싸이클로 반복 운전하는 냉장 시설을 말한다.
　1) 원·부재료 보관 (냉장) 창고 : 0℃ ~ 10℃의 냉장실로 원·부재료를 보관하는 저온 냉장창고를 말한다.
　2) 제품 보관 (냉장) 창고: 0℃ ~ 10℃의 냉장실로 냉장 제품을 보관하는 저온 냉장창고를 말한다.

3.31. 제상
　증발기관내의 냉매액과 냉장·냉동 창고 내의 습공기와 열교환으로 공기 중의 수분이 응결되어 냉각관에 부착되면 전열효율을 현저히 저하시켜 냉장·냉동고내 온도를 낮추기 곤란해

(회사로고)	**선행요건관리기준**
	총칙

지므로 냉각관(핀)에 상이 많이 부착되면 수시로 상을 제거시켜 주어야 한다.

3.32. 감온봉
온도계에서 온도를 감지할 수 있는 부위(센서)를 말한다.

3.33. 용수
제조에 사용되는 물로서 먹는 물 관리법의 기준에 적합한 자연 상태의 물을 말한다.

3.34. 상수도
먹는 물 관리법의 기준에 적합하도록 정부기관에서 관리되어 공장으로 공급되는 음용수를 말한다.

3.35. 저수조(또는 용수탱크)
정수 또는 살균 처리된 용수를 현장에 공급하기 위하여 저장하는 수조를 말한다.

3.36. 유틸리티(Utility)
제품의 생산에 사용되는 동력, 용수 등을 말한다.

3.37. 원·부재료
 1) 원재료: 제품 생산 시 완제품을 구성하는 주원료를 말한다.
 2) 부재료: 제품 생산 시 완제품을 구성하는 부원료를 말한다.

3.38. 포장재
제품을 포장하기 위하여 사용되는 재료를 말한다.

3.39. 반제품
재료를 처리하여 가공이 진행 중인 또는 대기 중인 단계의 물품을 말한다.

3.40. 완제품
원재료에 가공처리를 가하여 판매를 목적으로 만들어진 물건으로 모든 제조공정을 끝내고 출고 대기하고 있는 제품을 말한다.

3.41. 입고
검사에 합격한 원·부재료, 포장재 및 제품을 보관창고에 적재하는 것을 말한다.

(회사로고)	선행요건관리기준
	총칙

3.42. 출고
 제조에 사용하기 위하여 원·부 재료 및 포장재를 제조공정으로 이송 하거나 판매를 위하여 제품을 납품처로 운반하는 것을 말한다.

3.43. 부적합품
 해당 품목의 검사규격 특성 및 판정기준을 만족시키지 못하여 품질에 영향을 주는 원·부재료 및 포장재, 최종제품을 말한다.

3.44. 협력업체
 제품 생산에 필요한 원·부재료 및 포장재를 공급하는 모든 업체를 일컫는다.

3.45. 식별표시
 타 물품과의 구분 및 물품의 현 상태를 인식할 수 있도록 꼬리표 부착 등의 적절한 수단으로 표시하는 것을 말한다.

3.46. 반품
 유통 중인 제품이 고객으로부터 항의, 교환요청 등의 불만 접수로 수거 반입하기로 한 제품을 말한다.

3.47. 검사
 원·부재료, 반제품, 완제품, 포장재 등의 선정된 검사대상 Lot가 오감에 의한 관능검사와 측정 또는 계측 및 분석 실험결과가 설정된 규격기준에 적합한지 여부를 비교 판정하는 활동을 말한다.

3.48. 시험
 선정된 검사 대상 Lot의 관능적·이화학적 또는 생물학적 품질 특성을 평가하는 활동을 말한다.

3.49. 입고검사
 생산에 소요되는 모든 원·부재료 및 포장재가 당사가 설정한 규격·기준에 적합한지 여부를 판정하기 위해 반입 시점(필요시 반입시점 이전)에서 실시되는 검사를 말한다.

3.50. 공정검사
 생산 활동의 공정 단계별로 해당 공정품이 당사가 설정한 규격·기준에 적합 한지 여부를 판정하기 위해 해당 공정·단계의 진행 중 또는 종료시점에서 실시되는 검사를 말한다.

(회사로고)	**선행요건관리기준**
	총칙

3.51. 최종 완제품검사
　생산 활동이 종료된 완제품이 법률적 요건을 포함한 당사가 설정한 규격·기준에 적합한지 여부를 판정하기 위해 실시되는 검사를 말한다.

3.52. 검사규격
　원·부재료 및 포장재의 구입에서부터 제조과정을 거쳐 완제품이 완성되기까지의 생산 활동 각 단계에서 얻은 결과를 미리 정한 품질판정 기준과 비교하여 합격·불합격의 판정을 내릴 수 있도록 구체적인 검사방법의 기준을 말한다.

3.53. Lot
　검사의 대상이 되는 모집단을 말하며 1일 생산량을 1Lot로 한다.

3.54. 품질검사원
　Lot별로 시료를 채취하여 검사를 실시하고 그 결과를 판정할 수 있도록 선임된 담당자를 말한다.

3.55. 선별
　검사결과가 설정된 규격·기준을 충족시키지 못한 모집단에 대해 설정된 규격·기준을 충족시킨 개체를 구분하는 조치를 말한다.

3.56. 재작업
　검사결과가 설정된 규격·기준을 충족시키지 못한 모집단에 대해 설정된 규격·기준을 충족시킬 수 있도록 다시 작업하는 조치를 말한다.

3.57. 폐기
　검사결과가 설정된 규격·기준을 충족하지 못한 상태에서 특채 조치를 취할 수 없는 경우 취하는 조치를 말한다. (단 원,부재료 및 포장재 의 경우에는 공급자에게 반품시키는 것이 포함 된다.)

3.58. 관능검사
　제품 고유의 성상, 맛, 풍미, 조직감, 색깔, 외관 등을 육안으로 식별하여 종합적으로 그 적·부를 판정하는 검사를 말한다.

(회사로고)	**선행요건관리기준**
	총칙

3.59. 검사장비
 생산 및 품질을 관리함에 있어 필요한 검사 측정, 계량 및 시험장비를 총칭하며 단위량을 기준으로 원·부재료 및 포장재, 반제품 및 완제품의 품질 척도를 판정하는 기기를 말한다.

3.60. 표준기
 일반검사설비의 검·교정의 기준이 되는 국가 검·교정 공인기관에서 검·교정을 받은 검사 설비를 말한다.

3.61. 폐기물
 부산물을 포함한 쓰레기 및 폐자재 등 다른 용도로 활용할 수 없는 물질을 말한다.

3.62. 제품회수(Recall)
 당사의 제품으로 인한 위생상의 위해가 발생하였거나 발생할 우려가 있을 경우, 뿐만 아니라 오염, 변질 또는 상표가 잘못 부착되어 식품위생법 위반이나 소비자 인체 위해가 있는 제품을 회수하여 처리하는 것을 말한다.

3.63. 강제회수
 「식품위생법」 제45조 및 제 72조에 근거한 회수

3.64. 자율회수
 강제회수 이외의 위생상 위해우려가 의심되거나, 품질 결함 등의 이유로 영업자가 스스로 실시하는 회수

3.65. 중대한 결함
 일반적으로 고객의 안전이나 건강에 나쁜 영향을 미칠 소지가 있는 경우를 말한다.

3.66. 일반적 결함
 고객의 제품에 대한 문제제기에 따른 고객 불만 사항을 지칭한다.

3.69. 회수위원회
 회수 상황의 발생 시 회수 전반에 관하여 효과적으로 운영할 수 있도록 구성된 팀을 말하며 각 팀 팀장이 해당된다.

(회사로고)	**선행요건관리기준**
	총칙

4. 책임과 권한

4.1 대표이사
 1) 작업장, 부대시설 등의 신설, 증설에 대한 승인

4.2 HACCP 팀장
 1) 선행요건관리기준 승인 및 제·개정에 대한 승인
 2) 작업장 관리에 대한 업무를 총괄(승인 등) 관리
 3) 작업장 환경점검 실시 및 환기설비를 관리
 4) 작업장 관리상의 문제점에 대한 대책을 승인

4.3 품질관리팀장
 1) 작업장 관리상의 문제점에 대한 개선대책을 수립
 2) 미생물 검사 및 성적서를 총괄(승인 등) 관리
 3) 제조 시설·설비 및 모니터링 도구 검·교정을 총괄(승인 등) 관리

4.4. 생산팀
 1) 선행요건관리기준서 작성
 2) 작업장 관리에 관련된 일지 작성
 3) 작업장 관리상의 문제점에 대한 대책을 수립

4.5 품질관리팀
 1) 미생물 검사 및 성적서를 작성한다.
 2) 제조 시설·설비 및 모니터링 도구 검·교정을 실시

(회사로고)	**선행요건관리기준**
	영업장 관리

5. 영업장 관리

5.1. 작업장의 구조
 1) 작업장은 해당 제품의 생산에 적합하도록 위생적인 구조를 유지하고 있어야 한다.
  ① 작업장은 독립된 건물이거나 식품 취급 외의 용도로 사용되는 시설과 분리되어야 한다.
  ② 작업장은 누수, 외부 오염물질이나 곤충·설치류 등의 유입을 차단할 수 있도록 밀폐 가능한 구조이어야 한다.
  ③ 작업장의 외부는 틈이나 구멍이 없도록 유지 관리한다.
 2) 영업장 및 작업장 주변은 교차오염이 발생하지 않도록 청결하게 관리한다.
  ① 영업장의 위치는 축산폐수, 화학물질 기타 오염물질 발생시설로부터 식품에 나쁜 영향을 주지 아니하도록 하여야 한다.
  ② 영업장은 주거 및 불결한 장소와 분리되어야 하며, 청결히 유지하여 식품을 오염시키지 않도록 위생적인 상태로 유지하여야 한다.
  ③ 영업장은 홍수, 침수 등의 위험이 없으며, 주변은 청소 및 소독을 주기적으로 실시하여야한다.
  ④ 영업장 주변에 잡초를 월 1회 이상 잘라주고, 주변에 폐기물, 방치된 기구 등이 없도록 관리한다.
  ⑤ 영업장 주변에 물이 고여 있지 않도록 관리한다.
  ⑥ 공장 주변의 진입로는 먼지 비산 등으로부터 오염을 방지할 수 있도록 관리한다.
  ⑦ 폐기물은 보관 공간을 초과하기 전에 수거 업체에 의뢰하여 수거하여야 한다.
  ⑧ 영업장 주변, 외벽 및 바닥은 내수처리가 되도록 시공하여야 하며, 물이 고여 있거나 파여 있지 않도록 관리하여야 한다.
  ⑨ 영업장은 폐기물 보관 장소와 분리하여야 한다.
  ⑩ 영업장의 외부에 틈이나 구멍이 없도록 유지·관리 한다.
  ⑪ 우수 등을 위한 배수로/구는 폐수가 역류되거나 퇴적물이 쌓이지 않도록 유지·관리한다.
  ⑫ 원·부재료 및 포장재, 불필요한 물품 등이 방치되지 않도록 한다.

5.2. 작업장 구역 설정
 1) 작업장은 청정도에 따라 일반구역, 청결구역으로 분리하여 교차오염을 방지 할 수 있도록 작업구역을 설정한다.

(회사로고)	**선행요건관리기준**
	영업장 관리

○ 작업장 구역 설정 예시

구분	작업실
청결 구역	탈수실, 속넣기실, 내포장실
일반구역 (부대시설 포함)	검수실, 세척실, 외포장실, 원·부재료 보관실, 냉장창고, 완제품 창고, 실험실, 탈의실, ○○○…

2) 각 구역의 특성에 맞는 구역별 위생수칙을 설정하여 교차오염이 일어나지 않도록 위생적으로 관리한다.
 ① 작업자는 지정 구역에서만 작업한다.
 ② 각 구역별로 설정된 위생 수칙을 준수한다.
 ③ 작업 중 다른 구역으로 이동하지 않는다.
 ④ 부득이하게 다른 구역으로 이동할 경우는 환복, 세척, 소독 등을 실시하여 교차 오염을 방지한다.

5.3. 작업장 내부 관리
 1) 작업장 재질
  ① 작업장 등의 바닥, 벽, 천장, 출입문, 창문 등은 작업 특성에 따라 내수성, 내부식성 재질을 사용하여야 한다.
 2) 바닥
  ① 바닥은 균열이 발생하거나 파손된 부분이 없어야 한다.
  ② 바닥은 식품(술)의 잔사, 오염물 등이 남아있지 않도록 정기적으로 청소하여 청결하게 관리한다.
  ③ 작업 중 물 사용 및 노출을 최소화하여 바닥에 물이 떨어지거나 고이지 않도록 한다.
  ④ 바닥은 주기적으로 물기를 제거하여 마른 상태를 유지한다.
   ▶ 물을 자주 사용하는 ○○실은 매 ○○마다 물기를 제거한다.
   ▶ 물을 자주 사용하지 않는 작업장의 물기는 발생 즉시 제거한다.
 3) 내벽
  ① 내벽은 갈라진 틈이나 파손된 부분이 없도록 관리한다.
  ② 내벽은 오물이 직접 닿거나 곰팡이, 미생물 등이 번식되지 않도록 청결하게 관리한다.

(회사로고)	**선행요건관리기준**
	영업장 관리

4) 천장
   ① 천장은 파손된 부위나 구멍, 틈이 없도록 관리한다.
   ② 천장은 먼지가 쌓이거나 곰팡이 등이 번식하지 않도록 청결하게 관리한다.
   ③ 천장은 빗물이 새거나 응결수가 떨어지지 않도록 관리한다.

5) 배수로 및 배수구
   ① 배수로 등은 배수가 넘치거나 고여 있지 않도록 관리한다.
   ② 배수로 등은 청결구역에서 일반구역으로 흐르도록 한다.
   ③ 배수의 흐름이 적절치 않은 경우는 이에 상응하는 적절한 조치를 취하여 교차오염이 방지될 수 있도록 관리한다.
   ④ 배수로 등은 찌든 때, 퇴적물 등이 쌓여 있지 않도록 청결하게 관리한다.
   ⑤ 배수로 등은 파손되거나 부식이 발생하지 않도록 관리한다.
   ⑥ 배수로 등에는 트랩(U자관 등)을 설치하여 해충 등의 침입을 방지하고 폐수의 역류나 냄새 등이 나지 않도록 관리한다.
   ⑦ 배수로 덮게는 위생상, 안전상 설치를 기준으로 한다.

6) 배관
   ① 배관과 배관의 연결부위는 인체에 무해한 재질이어야 한다.
   ② 배관에 용접부분이 있는 경우 용접면은 깨끗하여야 한다.
   ② 배관은 누수 되거나 응결수가 발생하지 않도록 관리한다.
   ③ 배관에 응결수가 발생하는 경우는 단열재 등으로 처리하거나 주기적으로 제거하며 하부에 응결수가 낙하하지 않도록 물품 등을 두지 않는다
   ▶ 응결수가 낙하하는 부분은 매○○마다 물기를 제거한다.
   ④ 배관은 먼지가 쌓이거나 이물 등이 집적되지 않도록 청결하게 관리한다.

5.4. 작업장 출입구
   1) 작업장 외부로 연결되는 출입구에는 먼지나 곤충 등의 유입을 방지하기 위한 완충구역이나 방충설비 등을 설치한다.
      ① 출입구는 파손된 부위나 틈이 없으며 밀폐 가능하여야 한다.
      ② 출입구는 항상 닫혀 있어야 하며 청결하게 관리한다.
   2) 작업장 출입구에는 위생관리를 위한 위생전실을 구비한다.
      ① 개인위생관리를 위한 위생설비(이물제거 도구, 세척, 건조, 소독설비)를 구비한다.
      ② 구역별 복장 착용 방법을 구비한다.
      ③ 위생설비는 정상적으로 가동되며 청결하게 유지한다.
   3) 작업자는 세척 또는 소독 등을 통해 오염 가능성 물질 등을 제거한 후 작업장에 입실한다.

| (회사로고) | **선행요건관리기준** |
| | **영업장 관리** |

5.5. 통로
1) 작업장 내부 통로는 교차오염 방지가 가능하도록 이동경로를 표시하여 관리한다.
2) 이동 시에는 작업자 이동경로에 따라 지정된 통로만 이용한다.
3) 통로는 이동에 지장을 주는 물건을 적재하거나 다른 용도로 사용하지 않는다.

5.6. 창
1) 작업장 창문은 밀폐 가능한 구조로 항상 닫혀 있어야 하며 먼지 등이 누적되지 않도록 청결하게 관리한다.
2) 창문에 설치된 방충망은 틈이 없고 파손부위가 없도록 관리하며 먼지 등이 누적되지 않도록 청결하게 관리한다.
   ▶ 방충망 사이즈는 ○○매쉬로 설치하여 관리한다.
   ▶ 창문에 대한 정기점검을 통해 파손된 방충망은 바로 보수하여 해충의 침입을 억제한다.
3) 창의 유리는 파손 시 유리조각이 비산되지 않는 재질을 사용하거나 필름 코팅 등을 하여야 한다.

5.7. 채광 및 조명
1) 작업장의 조명 등은 작업에 적합한 조도를 유지하여야 한다.
2) 색을 오인할 수 있는 조명은 가급적 사용하지 않는다.
3) 해당 작업에 적합한 조도 기준을 설정하여 관리 한다.
○ 조도 기준 예시

구분	장소	조도(Lux)
내포장실 등 육안확인 구역	계량실, 내포장실, ○○○ …	540이상
그 외 작업장		220이상

4) 작업장 조도기준에 따라 정기적으로 조도를 측정하여 온·습도, 조도 점검표에 기록, 유지한다.
5) 조도 측정은 검수 및 계량의 경우 검수, 계량 위치에서 측정하고, 이외의 작업장은 바닥에서 80cm되는 곳에서 측정한다.
6) 조도 측정결과 기준에 미달한 경우에는 적정 조도가 유지되도록 개선조치를 실시한다.
7) 채광 및 조명시설은 작업에 오염을 주지 않도록 관리한다.
   ① 내부식성 재질을 사용하여 녹이 슬지 않도록 관리한다.
   ② 파손 등에 의한 오염을 방지하기 위하여 조명 보호장치를 설치한다.
   ③ 이물이나 벌레 등이 집적되지 않도록 청결하게 관리한다.

(회사로고)	**선행요건관리기준**
	영업장 관리

5.8. 부대시설
 1) 화장실
  ① 내부 공기를 외부로 배출할 수 있는 별도의 환기시설을 설치한다.
   ▶ 환기시설에는 OO매쉬 사이즈의 방충망을 설치하여 관리한다.
   ▶ 창문이 있는 경우, OO매쉬 사이즈의 방충망을 설치하여 관리한다.
  ② 환기시설을 정상적으로 작동하여 청결하게 유지한다.
  ③ 벽과 바닥, 천장, 문은 내수성, 내부식성의 재질을 사용한다.
  ④ 바닥과 벽, 천정은 파손된 부위나 틈 등이 없어야 하며 정기적으로 청소를 하여 청결하게 관리한다.
  ⑤ 폐기물 용기는 패달형 등을 사용하여 교차 오염이 발생하지 않도록 한다.
  ⑥ 출입구에는 세척, 건조, 소독 설비 등을 구비하여 화장실 사용 후 교차오염을 방지한다.
  ⑦ 전용 실내화를 비치하여 교차오염을 방지하도록 한다.
  ⑧ 도구 등을 청결하게 관리하여 교차오염이 발생하지 않도록 한다.
 2) 탈의실
  ① 내부 공기를 외부로 배출할 수 있는 별도의 환기시설을 갖춘다.
   ▶ 환기시설에는 OO매쉬 사이즈의 방충망을 설치하여 관리한다.
   ▶ 창문이 있는 경우, OO매쉬 사이즈의 방충망을 설치하여 관리한다.
  ② 환기시설을 정상적으로 작동하여 청결하게 유지한다.
  ③ 탈의실의 옷장은 작업자 1인당 2칸(상/하 또는 좌/우)을 지급하도록 한다.
  ④ 옷장 및 신발장은 외출복장(신발 포함)과 위생복장(신발 포함)간의 교차 오염이 발생하지 않도록 구분, 보관하며 청결하게 관리한다.
  ⑤ 탈의실은 탈의실 용도로만 사용하며, 탈의실 및 옷장을 청결하게 관리하여 교차 오염이 발생하지 않도록 한다.
 3) 기타(작업장 출입구, 실험실, 폐기물 보관소, 일반 창고)
  ① 내부 공기를 외부로 배출할 수 있는 별도의 환기시설을 설치한다.
   ▶ 환기시설에는 OO매쉬 사이즈의 방충망을 설치하여 관리한다.
   ▶ 창문이 있는 경우, OO매쉬 사이즈의 방충망을 설치하여 관리한다.
  ② 환기시설을 정상적으로 작동하여 청결하게 유지한다.
  ③ 바닥과 벽, 천정은 파손된 부위나 틈 등이 없어야 하며 정기적으로 청소를 하여 청결하게 관리한다.

5.9. 작업장 청소 관리
 1) 작업장 및 작업장 주변은 교차오염방지를 위하여 세척·소독 기준에 따라 정기적으로 청소를 실시하여 위생적인 상태를 유지한다.

(회사로고)	**선행요건관리기준**
	영업장 관리

 2) 생산팀 담당자는 작업장 환경 및 위생점검 체크리스트에 따라 정기 점검을 실시하여 결과를 기록, 유지하며 점검 결과 이상이 발생한 경우는 신속히 조치하여 항상 위생적인 상태를 유지할 수 있도록 관리 한다.

5.10. 관리기준 이탈 시 조치 사항
 1) 작업장, 건물바닥, 벽, 천장, 출입구, 통로, 위생설비, 창, 부대시설
  ① 즉시 개선할 수 있는 사항
   - 점검 실시 후 관리기준 이탈사항 발생 시 즉시 개선 조치한다.
  ② 그 외 이탈사항
   - 점검 실시 후 관리기준 이탈 사항 발생 시 해당 팀장에게 보고하며, 팀장은 자체적으로 대책을 수립하고 필요한 경우 HACCP 팀장에게 보고하여 대책을 요구한다.
   - 해당 팀장은 수립된 대책을 시행 후 그 결과에 대한 개선조치를 실시하고, HACCP 팀장의 승인 후 기록 유지한다.
 2) 채광, 조명
  ① 즉시 개선할 수 있는 사항
   - 점검 실시 후 관리기준 이탈사항 발생 시 즉시 개선 조치한다.
  ② 그 외 이탈사항
   - 점검 실시 후 관리기준 이탈사항 발생 시 해당팀장에게 보고하며, 팀장은 자체적으로 대책을 수립하고 필요한 경우 HACCP 팀장에게 보고하여 대책을 요구한다.
   - 팀장은 수립된 대책을 시행 후 그 결과에 대한 개선조치를 실시하고, 확인한 후 기록을 유지한다.
 3) 영업장 주변
  ① 즉시 개선할 수 있는 사항
   - 생산 담당자는 점검 실시 후 관리기준 이탈사항 발생 시 즉시 개선 조치한다.
  ② 그 외 이탈사항
   - 생산 담당자는 점검 실시 후 관리기준 이탈사항 발생 시 생산팀장에게 보고하며, 자체적으로 대책을 수립하고 필요한 경우 HACCP 팀장에게 보고하여 대책을 요구한다.
   - 생산 담당은 수립된 대책을 시행 후 그 결과에 대한 개선 조치를 실시하고 HACCP 팀장의 승인 후 기록 유지한다.

(회사로고)	**선행요건관리기준** **위생관리**

6. 위생 관리

6.1. 작업 동선 관리
1) 원·부재료의 입고에서부터 출고까지 물류 및 종업원의 이동 동선계획을 수립한다.
2) 작업자의 배치, 이동 동선, 제조설비 및 도구 등은 공정간 오염이 발생되지 않도록 배치한다.
3) 작업자는 정해진 이동 동선을 준수하여 교차오염을 방지한다.
① **작업장 기본 입실 기준 예시**
   ▶ 실외화를 실내화로 바꿔 착용(실외화와 실내화는 구분하여 보관)
   ▶ 탈의실 이동하여 구역별 복장 착용기준에 따라 위생복, 위생모, 위생화 착용(위생복과 실외복은 구분하여 보관)
   ▶ 위생전실로 이동하여 실내화를 위생화(안전화 및 위생화)로 바꿔 착용, 실내화와 위생화는 구분하여 보관
   ▶ 위생처리 실시 후 작업장 출입

위생복, 위생모 이물제거	손세척 및 건조	입실 및 손소독
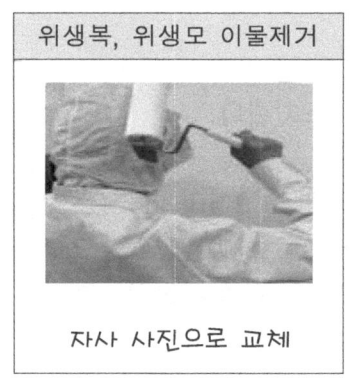 자사 사진으로 교체	 자사 사진으로 교체	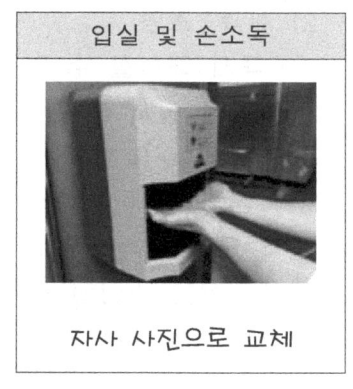 자사 사진으로 교체

② **구역별 또는 실별 입실 기준 예시**
   ▶ 일반구역(세척실, OOO) : 위생전실 입실→이물제거, 손세척, 손건조, 손소독→OOO실 입실
   ▶ 청결구역 (내포장실) : 위생전실 입실→이물제거, 손세척, 손건조→OOO실 입실→손소독
③ **퇴실 기준 예시**
   ▶ 입실 동선 반대 방향으로 이동하여, 위생전실(또는 퇴실로)로 퇴실하여 탈의실로 이동
   ▶ 위생장화 착용자 : 장화 세척·소독 후 건조대에 넣고 퇴실
   ▶ 위생화 또는 안전화 착용자 : 끈끈이 매트를 이용하여 바닥 먼지 제거 후 퇴실
④ **외부 방문객 및 작업자 이외 입·퇴실 기준 예시**
   ▶ 실외화를 실내화로 바꿔 착용하고, 탈의실 이동하여 구역별 복장 착용기준에 따라 일회용 위생가운, 위생모, 마스크 착용(장신구, 휴대폰 등 개인물품은 탈의함에 보관)
   ▶ 위생전실로 이동하여 실내화를 위생화(또는 일회용 덧신)로 바꿔 착용
   ▶ 구역별 또는 실별 입·퇴실 기준에 따라 입·퇴실

(회사로고)	**선행요건관리기준**
	위생관리

6.2. 이물 관리
※ 자사의 상황에 맞는 사항을 선정하여 이물관리 계획을 수립한다.
1) 원료중의 이물 제거
 ① 원·부재료 반입 시 물품 외부의 이물을 제거하기 위하여 외부 이물을 흡입 등의 방법으로 제거하거나 랩핑, 외박스 등을 제거 후 반입한다.
 ② 금속성 이물의 혼입 우려가 있는 원료는 자석을 통과시켜 제거하거나, 금속검출기를 통과시켜 혼입 여부를 확인 후 사용한다.
 ③ 이물 혼입 우려가 높은 원료는 작업자에 의하여 전수 선별을 실시한 후 사용한다.
2) 원료 계량, 투입중의 이물 혼입 방지
 ① 원료 개봉 시 잘려진 지대 등이 혼입되지 않도록 한다.
 ② 한번 사용된 지대 등을 계량용으로 재사용하지 않는다.
 ③ 원재료나 계량품의 비닐 포장은 혼입 시 눈에 잘 띄도록 원재료와 다른 색을 사용한다.
 ④ 계량 용기 등은 이물혼입을 방지하기 위하여 파손된 부분이 없어야 한다.
 ⑤ 계량이 끝났거나 투입 대기 중인 물품은 밀봉, 뚜껑, 커버 등을 사용하여 외부 이물이 혼입되지 않도록 관리한다.
3) 작업자에 의한 이물혼입 방지
 ① 작업자 소지품 혼입
  ▶ 작업자는 작업장 입실 전 개인 사물 등을 보관함에 보관하고 입실한다.
  ▶ 위생복 등에는 호주머니, 포켓 등을 만들지 않는다.
  ▶ 위생복에는 단추, 지퍼 등을 사용하지 않는다.
  ▶ 게시물에 압정 사용을 금지하며 서류 등에도 클립, 핀, 스템플러 등을 사용하지 않는다.
  ▶ 볼펜 등 필기구는 개인이 소지하지 않고 끈을 달아 제조 라인에서 떨어진 장소에서만 사용할 수 있게 하며 뚜껑이 없고 눈에 잘 띄는 색으로 사용한다.
 ② 작업자 모발, 체모 등의 혼입
  ▶ 작업자는 반드시 모자 착용 전에 hair net를 착용하며, 모자는 머리 전체를 덮을 수 있으며 끝자락이 길어 상의에 들어가는 두건타입으로 착용한다.
  ▶ 위생복은 체모 등의 탈락 방지를 위하여 겨드랑이 등에 inner net을 부착하며 소매, 발목 부위는 틈이 없도록 조이는 타입으로 착용한다.
  ▶ 위생복 상의는 하의 속으로 넣어 착용하거나 원피스형을 착용한다.
  ▶ 작업자는 출입구에서 에어샤워, 흡입장치, 끈끈이 롤러 등을 사용하여 모발 등을 제거한 후 작업장에 입실한다.
  ▶ 끈끈이 롤러는 접착부분이 넓고 접착력이 강한 것을 사용하며, 반복 사용으로 점착 효과가 떨어지는 것은 교체 주기를 설정하여 사용 횟수별로 보관 장소를 정하여 보관한다.
  ▶ 에어샤워 사용 시는 정기적으로 필터 점검 및 청소를 실시한다.
  ※ 에어샤워기 설치는 의무사항이 아니므로 필요한 경우만 설치 운영한다.

(회사로고)	**선행요건관리기준**
	위생관리

③ 작업 중 작업자에 의한 혼입 방지
  ▶ 목장갑 등은 반드시 고무장갑 등을 겉에 착용 후 사용한다.
  ▶ 1회용 비닐장갑 등을 교환할 때는 반드시 파손이 없는지를 확인하고, 전용 쓰레기통에 폐기하도록 한다.
  ▶ 새로운 솔을 사용할 경우 미지근한 물로 세정 후 털이 빠지지 않는 것을 확인한 후에 현장에서 사용한다.
  ▶ 금속제 수세미 등은 파손 조각이 금속 혼입의 가장 큰 원인이 되므로 사용하지 않도록 한다.
  ▶ 작업 중 사용하는 도구, 공구 등은 지정된 보관 위치를 정하여 식별하거나 번호 등을 붙여 누락 시 바로 확인이 가능하도록 한다.

4) 제조 공정중의 이물혼입 방지
  ① 기계유(윤활유 등) 혼입 방지
    ▶ 주유 시 너무 많이 넣어 넘치거나 세어 나오지 않도록 적정량을 주유한다.
  ② 제조 설비로부터 혼입
    ▶ 기계류에 대한 점검을 정기적으로 실시하여 느슨하여 탈락의 우려가 있는 나사류 등은 미리 조이고 파손우려가 있는 네트 등은 교체한다.
    ▶ 기계류 등을 분해하여 세척하거나 정비할 경우는 분해한 나사, 볼트 등의 숫자를 확인하여 누락되는 것이 없도록 한다.
    ▶ 제조 설비 등의 청소를 주기적으로 실시하여 축적된 탄화물, 기름때, 녹 등이 혼입되지 않도록 한다.
    ▶ 벨트 등이 파손되어 보푸라기가 일어 난 곳은 마감 처리를 한다.

5) 해충 등의 혼입 방지
  ① 작업장 주변의 해충의 서식지를 방지하기 위하여 환경 정리 및 청소를 주기적으로 실시하여 쓰레기, 덤불, 물 웅덩이, 불용품 등이 방치되지 않도록 청결하게 관리한다.
  ② 해충의 작업장 내 침입을 방지하기 위하여 건물 및 출입문 등에 구멍, 틈새 등을 막아 밀폐성을 강화한다.
  ③ 작업장 외부로 연결되는 출입구 등은 항상 닫혀 있도록 유지한다.
  ④ 부득이하게 창문 등을 열어야 하는 경우는 반드시 방충망을 설치하고 방충망의 파손여부 등을 정기적으로 확인한다.
  ⑤ 작업장 및 배수로 등 청소관리를 철저히 하여 작업장 내부에서 해충이 발생하거나 서식하지 않도록 한다.
  ⑥ 작업장 내에 포충등 등 포획 장비를 설치하여 포획결과 등을 기록, 관리하고 이상 발생 시 필요한 조치를 실시한다.
  ⑦ 주기적으로 작업장 내 해충 서식흔적을 확인하고 정기적인 방제를 실시한다.
6) 필요한 경우 공정 중에 이물 제거 및 검출 장치 등을 설치한다.
7) 정기적으로 이물의 발생 여부 등을 점검하여 이물 혼입을 방지할 수 있도록 관리한다.

| (회사로고) | **선행요건관리기준** |
| | **위생관리** |

○ 이물 관리 계획 예시

구분	이물	이물관리계획	관련 설비
원료 중의 이물 방지	- 비닐, 노끈 - 플라스틱 조각 - 금속조각 - 돌 등	- 원료 입고 시 파손여부 및 이물질을 제거한 후 사용 - 원료는 계량 시 육안확인 후 사용	검수대, 이물흡입기
원료 계량 중의 이물 혼입 방지	- 비닐, 노끈 - 플라스틱 조각 - 머리카락 - 해충 등	- 계량 용기 등은 사용 전 파손 여부를 확인 - 개봉된 원재료 등은 밀봉, 뚜껑, 커버 등을 사용	유인포충등
종업원에 의한 이물 혼입 방지	- 머리카락 - 체모 - 실 - 단추 등	- 작업장 입실 전 종업원 소지품을 개인 사물함 등에 보관 - 종업원 머리카락, 체모 등이 혼입되지 않도록 위생복을 올바르게 착용하여 입실 전 충분한 빗질 - 위생모를 착용하기 전에 머리를 묶거나 핀으로 고정하며, 머리가 길 경우 헤어네트 등으로 고정하여 착용 - 작업장 입실 전 끈끈이 롤러 등을 사용하여 위생복의 실, 모발 등을 제거한 후 입실 - 위생복 착용 전 단추 파손 등을 확인 후 착용	이물흡입기, 끈끈이롤러
작업 중 이물 혼입 방지	- 머리카락 - 비닐 - 볼트 - 실, 단추 - 금속조각 - 플라스틱 조각 등	- 작업 중 수시로 위생복장 및 개인위생 점검 - 1회용 비닐장갑을 착용 시 파손여부 확인 - 기계류에 대하여 정기적인 점검을 실시하여 느슨하고 탈락, 파손의 우려가 있는 나사류 등은 교체 - 기계류 등을 분해하여 세척하거나 정비할 경우 분해한 나사, 볼트 등의 숫자를 확인하여 누락 방지 - 제조 설비 등의 청소를 주기적으로 실시하여 축적된 탄화물, 기름때, 녹 등이 혼입되지 않도록 주의	금속검출기 등
해충에 의한 혼입 방지	- 날파리 - 모기 - 기타 해충 등	- 작업장 주변에 해충 서식지를 방지하기 위하여 환경정리 및 청소를 주기적으로 실시하고, 쓰레기, 웅덩이 등이 방치되지 않도록 청결하게 관리 - 해충이 작업장 내부에 침입하지 못하도록 건물 및 출입문 틈새, 구멍 등을 막아 밀폐성을 강화 - 작업장 외부로 연결되는 출입구 등은 항상 밀폐 - 작업장 및 배수구 등 청소관리를 철저히 하여 작업장 내부에서 새충이 발생하거나 서식하지 않도록 관리 - 주기적으로 작업장 내 해충 서식혼적을 확인하고 정기적인 방제를 실시	유인포충등, 바퀴트랩, 에어커튼 등

(회사로고)	**선행요건관리기준**
	위생관리

※ 이물 점검 관리 계획표(예시)

1) 원·부자재

대상	이물의 종류	관리방법	관리점검기록	주기	담당자
원재료	연질이물(곤충 등의 사체, 머리카락, 나일론 끈, 종이류, 흙)	- 냉장창고 관리(바닥, 내벽, 천장 등 청결상태) - 냉장창고 운반도구 및 청소도구관리(청결상태 및 파손여부확인) - 작업자 위생교육 훈련 및 점검(개인위생 및 복장 확인) - 협력업체 점검(협력업체 위생상태 확인) - 입고검사(원재료 외관, 포장상태 확인/배송차량 위생상태 확인) - 세척공정관리 - 금속검출 기준준수여부 확인(기기감도, 제품감도, 공정품 검출여부 관리)	온·습도, 조도 점검표	2회/일	생산팀
			시설·설비·제조도구 점검표	1회/일	
			교육일지	1회/월	
	경질이물(돌, 플라스틱)		개인 위생관리 점검표	1회/일	
			협력업체 점검표	1회/년	
	금속이물(철사, 철사 조각)		육안검사 기준 및 일지	입고 시	
			중요관리점점검표 CCP-4P	생산 시	모니터링 담당자
용수	연질이물(흙, 나무조각 등)	- 용수저장탱크청소 관리 (주변에 오염물질과 먼지 곤충 등의 침입혼적 확인)	용수관리 점검표	1회/주	
	경질이물(돌)				
	금속이물(녹조각)				
부자재 (내포장재, PE)	연질이물(실, 머리카락, 곤충사체 등)	- 입고검사(육안 이물검사, 포장상태, 배송차량 위생 확인) - 협력업체 점검(협력업체 위생상태 확인) - 부자재 운반 및 청소도구 관리(청결상태 및 파손여부 확인)	육안검사 기준 및 일지	입고 시	생산팀
			협력업체 점검표	1회/년	
	경질이물(돌, 플라스틱 등)		시설·설비·제조도구 점검표	1회/일	

(회사로고)	**선행요건관리기준**
	위생관리

2) 제조공정

대상	이물의 종류	관리방법	점검 기록	주기	담당자
원재료 입고	연질이물(곤충 등의 사체, 머리카락, 나일론 끈, 종이류, 흙)	- 냉장창고 관리(바닥, 내벽, 천장 등 청결상태) - 냉장창고 운반도구 및 청소도구관리(청결상태 및 파손여부 확인) - 작업자 위생교육 훈련 및 점검(개인위생 및 복장확인) - 협력업체 점검(협력업체 위생상태 확인) - 입고검사(원재료 외관, 포장상태 확인/배송차량 위생상태 확인) - 세척공정관리 - 금속검출기준 준수여부 확인(기기감도, 제품감도, 공정품 검출여부 관리)	온·습도, 조도 점검표	2회/일	생산팀
			시설·설비·제조도구 점검표	1회/일	
			개인 위생관리 점검표	1회/일	
	경질이물(돌, 플라스틱)		협력업체 점검표	1회/년	
			육안검사 기준 및 일지	입고 시	
	금속이물		중요관리점 점검표 CCP-2BP, 3BP	생산 시	모니터링 담당자
			중요관리점 점검표 CCP-4P	생산 시	모니터링 담당자
용수 입고	금속이물(녹조각)	- 금속검출기준 준수여부 확인(기기감도, 제품감도, 공정품 검출여부 관리)	중요관리점 점검표 CCP-4P	생산 시	모니터링 담당자
부자재 입고	연질이물(실, 머리카락, 곤충사체 등)	- 입고검사(육안 이물검사, 포장상태/배송차량 위생 점검) - 부자재 운반 도구 및 청소도구관리(청결상태 및 파손여부확인) - 작업자 위생교육 훈련 및 점검(개인위생 및 복장확인)	시설·설비·제조도구 점검표	1회/일	생산팀
			육안검사 기준 및 일지	생산 시	
	경질이물(돌, 플라스틱)		교육일지	1회/월	
			개인 위생관리 점검표	1회/일	
원재료 보관	연질이물(곤충 등의 사체, 머리카락, 나일론 끈, 종이류, 흙)	- 냉장창고 관리(바닥, 내벽, 천장 등 청결상태) - 냉장창고 운반도구 및 청소도구관리(청결상태 및 파손여부확인) - 세척공정관리 - 금속검출기준 준수여부 확인(기기감도, 제품감도, 공정품 검출여부 관리) - 방충방서 관리(비래해충, 보행해충, 설치류 포획 개체수 확인 및 기록관리 및 관리기준 이탈시 개선조치)	온·습도, 조도 점검표	2회/일	생산팀
			시설·설비·제조도구 점검표	1회/일	
	경질이물(돌, 플라스틱)		중요관리점 점검표 CCP-4P	생산 시	모니터링 담당자
	금속이물(칼날, 철사, 철사조각)		방충, 방서 점검표	1회/주	생산팀
용수 보관	금속이물(녹조각)	- 금속검출기준 준수여부 확인(기기감도, 제품감도, 공정품 검출여부)	중요관리점 점검표 CCP-4P	생산 시	모니터링 담당자

(회사로고)	선행요건관리기준 위생관리

3) 작업장별

장소	구분	대상	이물종류	예방대책 및 관리방법	점검 기록	주기	담당자
위생전실	설비류	장화세척기	세척솔, 플라스틱, 인모, 흙, 돌 등	- 위생전실 청소관리(바닥, 내벽, 천장 등 청결상태) - 위생전실 설비관리(청결상태 및 파손여부 확인) - 작업자 위생교육 훈련 및 점검(개인위생 및 복장 확인) - 방충방서 관리(비래해충, 보행해충, 설치류 포획 개체수 확인 기록관리 및 관리 기준 이탈시 개선조치)	작업장 위생관리 점검표	1회/주	생산팀
		자외선 소독기	살균등, 볼트, 너트, 해충 등				
		이물 흡입기	플라스틱, 머리카락, 단추, 실 등				
		이물롤러	플라스틱, 머리카락, 단추, 실 등				
		세면대	타일조각		시설·설비·제조도구 점검표	1회/일	
		손 건조기	플라스틱 등				
		손 소독기	플라스틱 등				
		포충등	벌레, 플라스틱				
	작업자	상체	체모, 머리카락, 매니큐어		개인 위생관리 점검표	1회/일	
		하체	체모, 흙				
		작업복	인모, 실, 흙				
		개인용품	음식물, 핸드폰, 장신구				
	사용도구	빗자루	청소솔. 흙, 돌, 벌레, 실, 플라스틱		방충, 방서 점검표	1회/주	
		쓰레받이	플라스틱, 흙, 벌레				
		밀대	고무, 플라스틱				
입·출고실	설비류	검수대	해충, 플라스틱, 유리조각, 인모, 흙	- 입고검사(육안 이물검사, 포장상태/배송차량 위생점검) - 부자재 운반 도구 및 청소도구관리(청결상태 및 파손여부확인) - 작업자 위생교육 훈련 및 점검(개인위생 및 복장 확인) - 방충방서 관리(비래해충, 보행해충, 설치류 포획 개체수 확인 기록관리 및 관리 기준 이탈시 개선조치)	시설·설비·제조도구 점검표	1회/일	
		파레트	플라스틱, 비닐, 흙, 해충				
		지게차	나사, 고무, 플라스틱				
		이동대차	플라스틱, 고무, 끈, 실, 흙		육안검사 기준 및 일지	생산 시	
		포충등	해충, 플라스틱, 종이류				
		커터칼	칼심, 쇠가루, 페인트조각		교육일지	1회/월	
		에어건	고무				
	작업자	상체	인모, 실, 매니큐어		방충, 방서 점검표	1회/주	
		하체	인모, 실				
		작업복	인모, 실, 끈, 흙				
		개인용품	음식물, 핸드폰, 장신구				
	사용도구	빗자루	청소솔. 플라스틱, 실, 끈, 흙, 인모		개인 위생관리 점검표	1회/일	
		쓰레받이	플라스틱 조각, 흙, 끈				
		밀대	고무, 플라스틱				

| (회사로고) | **선행요건관리기준** |
| | **위생관리** |

6.3. 온·습도 관리
 1) 작업실은 각 생산 공정의 특성에 따라 위생적인 작업이 이루어 질 수 있도록 적절한 온도 및 습도(필요 시 설정)를 유지한다.
○ 온·습도 관리 기준 예시

구분		온도 기준	습도 기준
청결구역	속넣기실	25℃ 이하	-
	000…	15℃ 이하	-
일반구역	세척실	35℃ 이하	-
	000…		-
부대시설	원·부재료 상온창고	25℃ 이하	85% 이하
	원·부재료 냉장창고	0~10℃	-
	완제품 냉장창고	0~10℃	-
	000…		

 ※ 자사의 작업 중 온도(필요 시 습도)관리가 필요한 구역을 공정 특성 및 상황에 맞게 설정한다.
 2) 온도(필요 시 습도)관리가 필요한 구역에는 이를 측정할 수 있는 온도계 등을 설치하고 온·습도, 조도 점검표에 따라 정기적으로 측정하여 결과를 기록, 유지한다.
 3) 온도(필요 시 습도)관리를 위하여 설치한 설비 등의 필터나 망은 정기적으로 세척, 교환하여 위생적으로 관리한다.

6.4. 환기시설 관리
 1) 작업장 내에서 발생하는 오염물질(유해가스, 증기 등)을 충분히 배출할 수 있는 환기시설을 설치한다.
 2) 환기시설은 정상적으로 작동되며 청결한 상태를 유지한다.
 3) 흡·배기구에 설치된 여과망이나 방충망은 파손이 없어야 하며 정기적으로 세척하거나 교체하여 청결하게 관리한다.
  ▶ ○○메쉬 사이즈의 방충망을 설치하여 관리한다.

(회사로고)	**선행요건관리기준**
	위생관리

6.5. 방충, 방서 관리
 1) 해충이나 설치류 등의 유입이나 번식을 방지할 수 있는 방충, 방서계획을 수립하여 관리한다.

○ 방충·방서 관리 계획 예시

시설종류	설치 위치	자체 점검주기	외부 점검주기	점검자
트랩(쥐먹이)	공장 주변, 폐기물 처리장	1회/주	1회/월	방역담당
트랩(설치류)	작업장 출입구, 창고	1회/주	1회/월	
살충등	작업장 외곽	1회/주	1회/월	
유인 포충등	작업장 내부	1회/주	1회/월	
트랩(보행성)	작업장 내부, 창고	1회/주	1회/월	
트랩(화랑곡나방)	작업장 내부, 창고	1회/주	1회/월	
분무소독	작업장 주변 소독	1회/월(10~5월) 2회/월(6~9월)	1회/월(10~5월) 2회/월(6~9월)	

○ 동절기(11월 ~ 4월) 방충·방서 모니터링 관리 기준 예시

구분		비래해충 개체수	보행해충 개체수	설치류	조치사항
1단계	청결	1~3	1~3	1	• 각 출입문 상/하, 좌/우 틈새 밀폐 확인 • 창문 밀폐 및 창문 배수구멍 밀폐확인 • 문 열고 작업 중이었는지 확인 • 방충·방서 설비 점검
	일반	1~5	1~5		
2단계	청결	4~6	4~6	2~3	• 각 출입문 상/하, 좌/우 틈새 밀폐 확인 • 창문 밀폐 및 창문 배수구멍 밀폐확인 • 문 열고 작업 중이었는지 확인 • 방충·방서 설비 점검 • 서식장소 및 취약지역 확인
	일반	6~10	6~10		
3단계	청결	7이상	7이상	3 이상	• 각 출입문 상/하, 좌/우 틈새 밀폐 확인 • 창문 밀폐 및 창문 배수구멍 밀폐확인 • 문 열고 작업 중이었는지 확인 • 방충·방서 설비 점검 • 서식장소 및 취약지역 확인 • 구제 실시
	일반	11이상	11이상		
작업장 주변				1	• 서식장소 및 취약지역 확인 • 구제 실시

| (회사로고) | **선행요건관리기준** |
| | **위생관리** |

○ 하절기(5월 ~ 10월) 방충·방서 모니터링 관리 기준 예시

구분		비래해충 개체수	보행해충 개체수	설치류	조치사항
1단계	청결	1~5	1~5	1	• 각 출입문 상/하, 좌/우 틈새 밀폐 확인 • 창문 밀폐 및 창문 배수구멍 밀폐확인 • 문 열고 작업 중이었는지 확인 • 방충·방서 설비 점검
	일반	1~7	1~7		
2단계	청결	6~8	6~8	2~3	• 각 출입문 상/하, 좌/우 틈새 밀폐 확인 • 창문 밀폐 및 창문 배수구멍 밀폐확인 • 문 열고 작업 중이었는지 확인 • 방충·방서 설비 점검 • 서식장소 및 취약지역 확인
	일반	8~12	8~12		
3단계	청결	9이상	9이상	4 이상	• 각 출입문 상/하, 좌/우 틈새 밀폐 확인 • 창문 밀폐 및 창문 배수구멍 밀폐확인 • 문 열고 작업 중이었는지 확인 • 방충·방서 설비 점검 • 서식장소 및 취약지역 확인 • 구제 실시
	일반	13이상	13이상		
작업장 주변				1	• 서식장소 및 취약지역 확인 • 구제 실시

2) 작업장 내의 유입 및 서식 여부를 확인하기 위하여 포획장치 등을 정기적으로 확인하고 결과를 방충·방서 관리 일지에 기록 관리한다.

3) 작업장 내에서 해충이나 설치류 등의 구제를 실시할 경우에는 정해진 위생 수칙에 따라 실시하여 오염을 방지한다.

<자체 실시 예시>

① 작업장 내부에는 모든 기계설비 위에 비닐을 씌워 약제가 제품과 설비내로 혼입되지 않도록 한다.
  ▸ 종사자는 마스크 등 보호 장비를 착용한 후 작업을 한다.
  ▸ 약제는 반드시 물질안전보건자료(MSDS)를 구비하여 비치한다.
  ▸ 약제는 사용 설명서와 주의 사항을 숙지 후 사용한다.
  ▸ 약제는 사용 설명서에 명시된 비율로 희석하여 사용한다.
② 공정이나 식품의 안전성에 영향을 주지 않는 제한된 장소에만 실시한다.
③ 작업장 내부에는 약제(OOO)으로 지정된 장소에만 분무 또는 투약하여 실시한다.
④ 작업장 외부에는 약제(OOO)를 사용하여 분무 또는 투약하여 방역을 실시한다.
⑤ 약제는 사용방법에 따라 안전한 방법으로 사용한다.
⑥ 작업 종료 후 보호조치한 비닐은 폐기 용기에 담아 모두 폐기한다.
⑦ 비닐 제거 후 식품취급 시설 등은 세척 등을 통해 오염물질을 제거한다.
⑧ 자체 방제 기록지에 기록한다.

(회사로고)	**선행요건관리기준**
	위생관리

<외주 방제 예시>

① 방제 전 약제의 안전성을 입증 할 수 있는 자료와 보호조치 방법에 대하여 검토한 후 방제 시 사전 검토 내용과 동일하게 방제를 하는지 확인한다.
② 방제 작업을 실시할 경우 책임과 권한에 명시된 인원이 입회하여 약제 투약 등으로 인해 제품 위해가 발생하지 않도록 확인한다.
③ 방제 종료 후 방제 결과 보고서를 수령 후 기록한다.

약제명	맥스포스 겔	쿠마테트라릴	두오존/GS-100	델타메트린
기대 효과	단시간 내에 바퀴구제에 탁월한 효과를 보임	본제를 먹은 쥐는 3~10일만에 내출혈로 죽고 사체로 인한 오염 발생률이 낮음	• 낙하세균살균	·모기, 파리, 바퀴벌레의 살충효과 및 각종 위생해충에 대한 기피효과
구제 대상	• 바퀴	쥐류의 구제	• 낙하세균	·모기, 파리, 바퀴, 각종 위생해충
적용 범위	바퀴가 발생한 지역 어느 곳이나 사용가능	약제를 투약할 수 있는 곳 어디나 가능	• 낙하 세균이 발생할 수 있는 곳	·약제를 투약할 수 있는 곳이면 어느 곳이든 가능
사용 장비	• 베이트건	R트랩, R스테이션	• 스프레이, ACS	·스프레이, ULV, 연막기
주의 사항	•유아나 애완동물에 접촉되지 않도록 한다. ·약제가 물에 접촉되지 않도록 한다. ·직사광선이 들어오는 곳에는 작업을 회피한다.	·유아나 애완동물에 접촉되지 않도록 한다. ·약제가 물에 접촉되지 않도록 한다. ·직사광선이 들어오는 곳에는 작업을 회피한다. ·조리기구에 사용하지 않는다. ·원래의 용기에 기재된 방법에 따라 안전한 곳에 보관한다.	• 사용기준에 따라 물로만 희석하며 절대로 분말을 기타 소독제, 세척제, 유기물과 혼합하지 말 것. • 던지거나 심한 충격을 주면 파손의 위험이 있으므로 주의 할 것.	·약제처리자는 반드시 개인보호장구(마스크, 장갑)를 착용 할 것. ·사용 전 식기류, 음식, 동물사료, 어항, 물탱크 등에 약제가 들어가지 않도록 하며 덮개를 덮는 등 필요한 조취를 할 것. ·어독성이 있으므로 연못, 개울 등 물에 직접 사용하거나 오염 시키지 말 것. ·동식물 등이 접촉할 수 있는 상황에서는 사용하지 말 것.

(회사로고)	**선행요건관리기준**
	위생관리

6.6. 개인위생 관리
 1) 작업자는 항상 해당 작업에 오염을 주지 않도록 위생적인 상태를 유지하여야 한다.
 2) 위생복 착용방법에 따라 작업에 적합한 위생복장(위생복, 위생모, 위생화 등) 등을 갖춘다.
○ 위생복 지급 기준 예시

구분	지급수량	지급주기	세척주기
위생복(상, 하의)	2벌	2회/년	주 2회 이상
위생모	2개	필요 시	주 2회 이상
위생장화	1켤레	2회/년	매일
안전화	1켤레	2회/년	매일(닦음)
위생장갑	일회용	수시	-
마스크	일회용	수시	-
면장갑	일회용	수시	-
추가 지급 (위생복, 위생모, 위생장화, 안전화)	1벌	종사자가 여분이 없는 상태에서 오염물질이 묻거나 훼손이 되었을 경우	-

① 위생복 청결하게 보관한다.
  ▶ 탈의함은 1인당 2개(상/하 또는 좌/우)를 지급하여 교차오염이 발생하지 않도록 보관한다.
  ▶ 위생복(상/하), 위생모는 접어서 보관하지 않고 옷걸이를 사용하여 걸어서 보관한다.
  ▶ 위생복 보관함은 위생복, 위생모, 일회용 마스크 등 위생용품을 제외한 다른 어떤 것도 보관하지 않는다.
② 위생복장은 구역별 착용기준에 따라 오염을 주지 않도록 올바른 방법으로 착용한다.
  ▶ 작업장 건물 외부로 나가는 경우 위생복은 실외복으로 갈아입고 나간다.

(회사로고)	선행요건관리기준
	위생관리

○ 위생복 착용 방법 예시

위생복 착용 방법		
위생복	소매, 바지 아래 등을 걷지 않고 완전히 내리며, 상의 단추 등을 개방하지 않음	
위생모	머리 전체를 감싸도록 하여 머리카락이 나오지 않아야 한다.	
위생화	꺾어 신거나 접어신지 않는다.	
앞치마	가슴에서 무릎까지 가릴 수 있게 착용한 후 뒤에 끈을 묶는다.	
마스크	호흡기(입, 코)를 완전히 가리도록 착용	
위생장갑	손목부위 작업복소매를 덮어 착용	
토시	위생장갑(손목부위)을 덮어 팔꿈치까지 착용	

(회사로고)	**선행요건관리기준**
	위생관리

○ 구역별 착용 기준 예시

		청결구역	일반구역	외포장실, 공무, 자재	외부인
착용모습					
착용품	위생복	○	○	○	○ (앞보착용)
	위생모	○	○	○	○
	위생화	○	○	○ (장화이전분)	○ (덧신 또는 병원사용)
	앞치마	○	○		
	위생장갑	○	○	-	-
	면장갑	×	○ (위생장갑 안)	-	-
	마스크	○	필요시(청결 출입시 착용)	필요시(청결 출입시 착용)	필요시(청결 출입시 착용)
세척/소독	위생복	주 2회	주 1회	주 1회	1회 사용 후 교체
	위생모	주 2회	주 1회	주 1회	
	위생화	입실 시, 작업 중 소독 퇴실 시 세척/소독	입실 시, 작업 중 소독 퇴실 시 세척/소독	탈화 시	1회용 또는 주 1회
	앞치마			-	-
	위생장갑			-	-
	면장갑	-	매일	-	-
	마스크	1회용	1회용	1회용	1회용

③ 위생복장은 세척·소독 기준에 따라 주기적으로 세탁, 소독 등을 하여 항상 청결한 상태를 유지한다.
④ 입실 기준에 따라 입실한다.
⑤ 작업에 불필요한 개인 사물(목걸이, 반지, 시계, 휴대폰, 담배, 라이터 등)을 가지고 들어가지 않는다.
  ▶ 관리자의 경우 작업 공정 중 긴급한 상황의 전파 등 필요시 제한적으로 핸드폰 및 카메라를 소지할 수 있음
3) 작업자는 자신의 신체를 항상 위생적인 상태로 유지한다.
  ① 두발은 항상 단정히 하고, 수염은 매일 깔끔이 면도한다.
  ② 손톱은 짧게 깎고 매니큐어나, 짙은 화장 및 향수 사용을 하지 않는다.
  ③ 작업장 내에서 흡연, 껌 씹는 행위 및 음식물 반입 등의 행위를 하지 않는다.
  ④ 매년 정기적으로 건강진단을 받아 건강상 이상 유무를 확인한다.
  ⑤ 진단 결과 질병을 보균, 감염된 작업자는 식품 제조 업무에 투입하지 않는다(보건증은 환경·안전관리 팀에서 일괄 검토 및 보관).
    ▶ 장관질병 및 피부질환자
    ▶ 디프테리아 및 연쇄구균의 보균자
    ▶ 엑스선(X-ray)검사에 의한 결핵환자
    ▶ 기타 전염성 질환

(회사로고)	**선행요건관리기준**
	위생관리

⑥ 다음과 같은 증상이 발생 시 작업자는 작업을 금지하며, 외부인의 경우 사전 조사를 통해 출입을 제한한다.
  ▶ 계속되는 설사 및 복통이 있는 경우
  ▶ 화농성 상처가 있는 경우
  ▶ 심한 감기와 몸살로 오한이나 발열이 있는 경우
  ▶ 자신이 전염성 질환에 걸린 경우
  ▶ 식품 오염의 우려가 있는 피부병에 걸린 경우
  ▶ 기타 신체상 이상이 있다고 판단되는 경우

4) 작업 중 해당 구역별 위생수칙을 준수하여 교차오염을 방지한다.
  ① 규정된 기준에 따라 손을 세척, 소독한다.
    ▶ 작업복 착용 후 작업에 투입되기 전
    ▶ 휴식, 식사, 흡연 및 화장실을 이용한 후
    ▶ 코를 풀거나 재채기를 한 후
    ▶ 머리나 얼굴 등 몸을 만진 후
    ▶ 폐기물을 취합한 후
    ▶ 작업장을 벗어난 후 다시 작업을 수행하기 전
    ▶ 다른 내용의 작업을 시작할 때.
    ▶ 청결도가 높은 구역으로 이동할 시
    ▶ 작업 도구 사용 전, 후
    ▶ 손에 기름등 오염물질이 묻었을 경우 등
    ▶ 기타 오염되었다고 생각할 경우
  ② 손 세척은 다음 방법으로 실시한다.
    ▶ 냉수 꼭지를 사용하여 알맞은 온도의 물로 비누를 이용하여 손의 전면을 깨끗이 닦아낸다.
    ▶ 물기는 종이 타월을 사용하여 닦거나 손 건조기에 손을 넣어 건조시킨다.
    ▶ 손에 있는 미생물의 살균을 위하여 70% 알코올을 사용하여 손을 소독한다.
  ③ 세척·소독 시설에는 잘 보이는 곳에 올바른 세척 방법 등에 대한 지침을 게시한다.
  ④ 살균된 용기, 시설 등을 취급 할 때는 반드시 손 소독을 실시하며 오염된 손으로 포장이 안 된 제품이나 소독된 용기는 만지지 말아야 한다.

(회사로고)	**선행요건관리기준**
	위생관리

○ 이물제거 도구 사용방법 예시

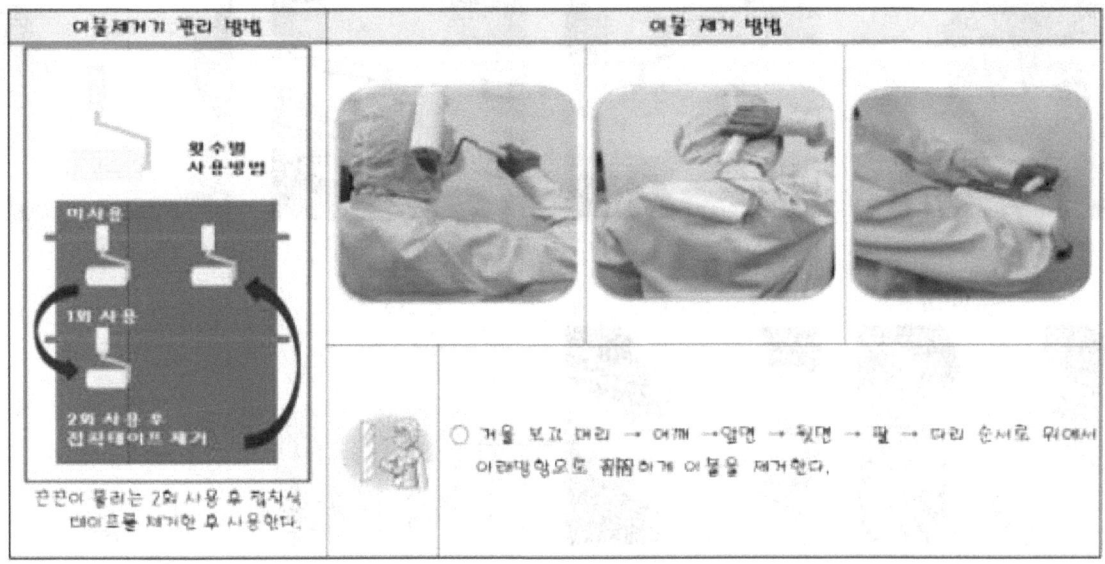

○ 손세척, 건조, 소독방법 예시

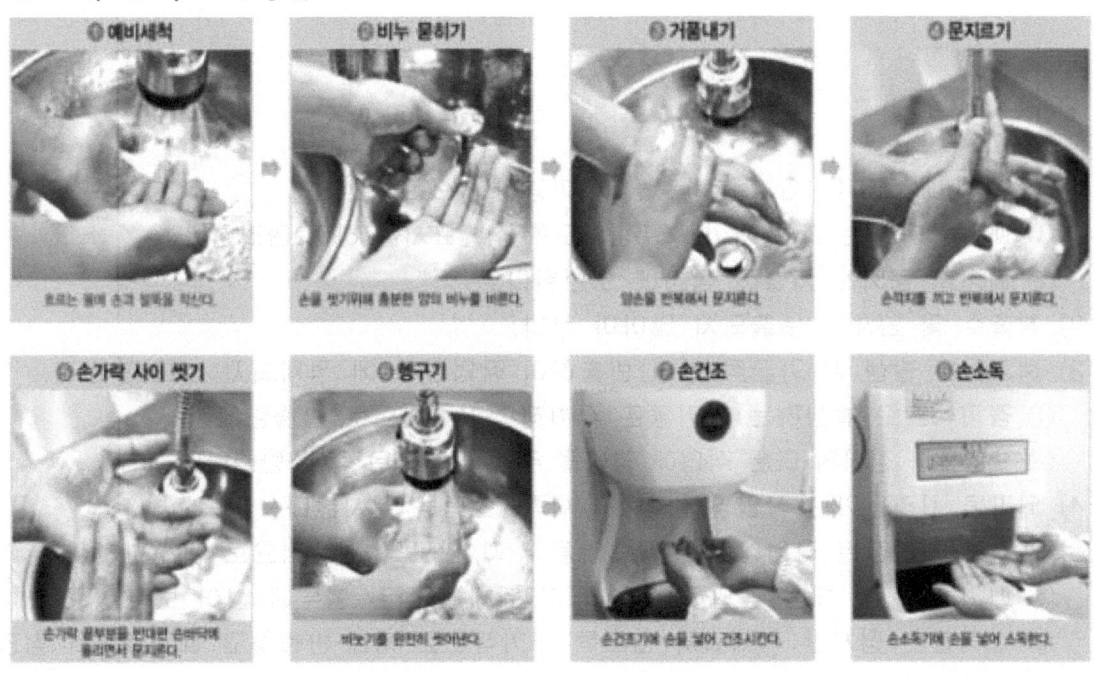

(회사로고)	**선행요건관리기준** **위생관리**

○ 위생장화 세척방법 예시

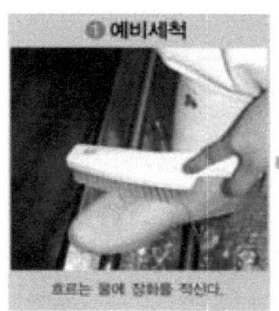

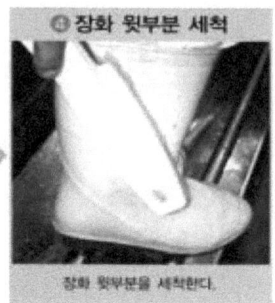
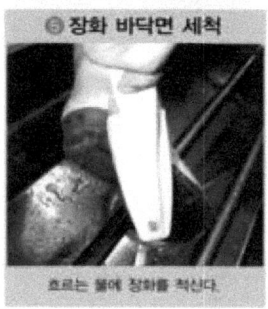
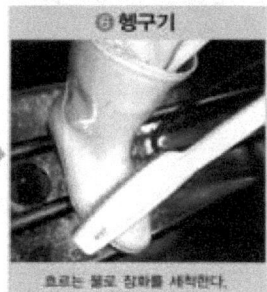

※ 손건조기, 손소독기 및 장화건조기는 예시 제품을 구매해야하는 것이 아니라 동일한 역할을 하는 장비 및 도구를 설치하여 운영하면 가능

6.7. 폐기물 관리
1) 작업장 내 폐기물 처리용기는 밀폐 가능한 구조로 한다.
   ① 폐기물 용기는 다른 용기와 구분되도록 식별표시를 하여 관리한다.
   ② 폐기물 용기는 지정된 장소에 보관한다.
2) 침출수 및 냄새가 누출되지 않아야 한다.
3) 폐기물은 발생 시 가급적 빨리 반출하여 작업장 내에 적체되지 않도록 한다.
   ① 정기적으로 발생하는 폐기물은 **주기적(2회/일)**으로 반출한다.
   ② 오염도가 심하여 다른 작업에 영향을 주는 폐기물은 즉시 반출한다.
4) 폐기물 처리용기는 작업장 반입 시 세척, 소독을 실시한다.
5) 폐기물 처리장은 작업장에 교차오염을 주지 않도록 위생적으로 관리한다.
   ① 폐기물은 쥐, 해충 등의 서식을 막기 위해 규정된 봉투에 넣어 보관한다.
   ② 폐기물은 장시간 적체되지 않도록 주기적으로 처리·반출하고 폐기물처리 점검표 관리기록을 유지한다.
   ③ 폐기물 반출 후 폐기물처리장 주위를 청소하여 청결하게 관리하며 주기적으로 분무소독 등을 실시한다.

| (회사로고) | **선행요건관리기준** |
| | **위생관리** |

6.8 세척 또는 소독 관리
 1) 위생적이고 안전한 제품을 생산할 수 있도록 다음 사항에 대한 세척 또는 소독기준을 설정하여 관리한다.
    ① 작업자 및 복장(위생복, 위생모, 위생화 등)
    ② 작업장 주변 및 작업실별 내부
    ③ 식품제조시설(이송배관포함) 및 냉장·냉동설비
    ④ 용수저장시설
    ⑤ 보관·운반시설과 운송차량, 운반도구 및 용기
    ⑥ 모니터링 및 검사 장비
    ⑦ 환기시설 (필터, 방충망 등 포함)
    ⑧ 폐기물 처리용기 및 세척, 소독도구
    ⑨ 기타 필요사항
 2) 세척, 소독 상태를 확인하기 위하여 위생검사 기준규격에 따라 표면오염도 검사를 실시하고 그 결과를 표면오염도 검사성적서에 기록, 유지한다.
 3) 세제·소독제, 세척 및 소독용 기구나 용기는 정해진 장소에 위생적으로 보관한다.
    ① 세척, 소독에 사용되는 세제와 소독제는 환기장치가 있는 별도의 창고에 보관하며 잠금장치를 하여 관리한다.
    ② 세제와 소독제는 세제 및 소독수 사용방법에 정해진 농도로 사용한다.
    ③ 세제와 소독제는 사용 후 잔류물이 남지 않도록 완전히 제거한다.
    ④ 신규 소독제는 관련법령에 적정한 것을 사용하여야 한다.

6.9 위생관리 상태 점검
 1) 담당자는 개인위생 점검표에 따라 정기 점검을 실시하여 결과를 기록, 유지하며 점검 결과 이상이 발생한 경우는 신속히 조치하여 항상 위생적인 작업이 유지할 수 있도록 관리 한다.
 2) 작업장 청정도를 확인하기 위하여 위생검사 기준규격에 따라 공중 검사를 실시하고 그 결과를 공중 검사성적서에 기록, 유지한다.

※세척 소독제 사용 시 희석방법

세척·소독제 및 도구	보관 장소	구체적인 사용방법/올바른 사용방법
세 척 제	수마퐁	전용보관장소	물1L에 2g 희석하여 사용
소 독 제	존슨 락스	전용보관장소	물 1L에 5g 희석하여 사용(200ppm)

(회사로고)	**선행요건관리기준**
	위생관리

6.10 관리기준 이탈 시 조치 사항
1) 동선 계획 및 공정간 오염 방지
  이동 동선에 교차 오염의 소지가 있다고 판단되는 경우 해당 팀장에게 보고 후 품질관리 팀장은 HACCP 위원회를 소집하여 검증 및 이동 동선을 재수정
2) 환기시설, 온·습도, 방충·방서, 폐기물, 세척·소독 관리
  ① 설비의 문제점(훼손, 처리 능력 부족, 고장 등)이 발생되었을 경우 해당 팀장에게 보고 후 개선조치 실시 및 결과 보고서 작성하여 HACCP팀장의 승인을 득한다.
  ② 관리 기준 이탈 시
    - 기준 이탈 시 해당 팀장에게 보고 후 개선조치 실시 및 결과 보고서 작성하여 HACCP팀장의 승인을 득한다.
    - 종사자 관련 기준 이탈 시 해당 팀장은 내부 교육을 실시한다.

○ 세척·소독 기준 예시
  <대상 : 일반구역 예시>

부위	세척·소독 방법	도구	주기	담당자
바닥	• 빗자루나 진공세척기로 찌꺼기, 오물 등을 제거한다. • 세제를 묻힌 면걸레, 수세미를 사용하여 이물질, 찌든 때 등을 제거한다. • 건조하고 소독수를 분무한다.	빗자루, 진공청소기, 면걸레, 수세미, 세제, 소독수, 분무기	1회/일	작업자
내벽	• 세제를 묻힌 면걸레로 이물질을 제거한다. • 젖은 면걸레로 세제를 닦아낸다. • 소독된 면걸레로 다시 한번 닦아낸다.	면걸레, 소독수, 분무기	1회/일	작업자
천장	• 세제를 묻힌 면걸레로 먼지 등을 제거한다. • 소독된 면걸레로 다시 한번 닦아낸다.	면걸레, 소독수	1회/월	작업자
문	• 세제를 사용하여 면걸레로 이물질 및 때를 제거한다. • 젖은 면걸레로 세제 및 이물질을 제거한다. • 소독된 면걸레로 다시 한번 닦아낸다.	세제, 면걸레, 소독수	1회/주	작업자

<대상 : 청결구역 예시>

부위	세척·소독 방법	도구	주기	담당자
바닥	• 이물질을 진공세척기로 흡입한다. • 세제를 묻힌 면걸레로 닦아낸다. • 젖은 면걸레로 세제를 닦아낸다. • 소독된 면걸레로 다시 한 번 닦아낸다.(주 1회)	빗자루, 세제, 소독수, 면걸레	1회/일	작업자
내벽	• 세제를 묻힌 면걸레로 이물질을 제거한다. • 젖은 면걸레로 세제를 닦아낸다. • 소독된 면걸레로 다시 한 번 닦아낸다.	세제, 면걸레, 소독수, 분무기	1회/일	작업자
천장	• 세제를 묻힌 면걸레로 먼지 등을 제거한다. • 소독된 면걸레로 다시 한 번 닦아낸다.	면걸레, 세제, 소독수	1회/주	작업자
문	• 세제를 사용하여 면걸레로 이물질 및 때를 제거한다. • 젖은 면걸레로 세제를 닦아낸다. • 소독된 면걸레로 다시 한 번 닦아낸다.(주 1회)	세제, 면걸레, 소독수	1회/일	작업자

(회사로고)	**선행요건관리기준**
	위생관리

<대상 : 시설·설비·제조도구 예시>

부위		세척·소독 방법	도구	주기	담당자
파렛트	상단 하부	• 세제를 묻힌 브러쉬로 이물질제거하고 물 세척을 2회 이상 한다. • 소독수를 분무한다.	세제, 소독수, 면걸레	1회/월	작업자
작업대	상단 하부	• 세제를 묻힌 면걸레를 사용하여 이물질 제거하고 물로 세척(2회 이상) 후 물기를 마른걸레로 닦아낸다. • 소독수를 분무한다.	세제, 면걸레, 소독수	1회/일	작업자
에어커튼	상단 하부	• 소독된 면걸레로 먼지를 제거 후 소독한다.	소독수, 면걸레	1회/주	작업자
칼, 가위, 스텐바가지	상단 하부	• 세제를 묻힌 수세미를 사용하여 이물질 제거하고 물로 세척(2회 이상) • 소독수를 분무한다.	세제, 수세미, 소독수, 분무기	1회/일	작업자
세척통	상단 하부	• 세제를 묻힌 수세미를 사용하여 이물질 제거하고 물로 세척(2회 이상) • 소독수를 분무한다.	세제, 수세미, 소독수, 분무기	1회/일	작업자
운반카	상단 하부	• 세제를 묻힌 브러쉬로 이물질을 제거하고 물로 세척(2회 이상) 후 소독수를 분무한다.	세제, 면걸레 소독수, 브러쉬	1회/일	작업자
전자저울	상단 하부	• 세제를 묻힌 면걸레로 이물질 제거하고 물로 세척(2회 이상) 후 물기를 마른걸레로 닦아낸다. • 소독수를 분무한다.	세제 면걸레, 소독수	1회/일	작업자
폐기물 용기	상단 하부	• 세제를 묻힌 면걸레로 이물질 제거하고 물로 세척(2회 이상) 후 물기를 마른걸레로 닦아낸다. • 소독수를 분무한다.	세제, 수세미, 소독수, 분무기	1회/일	작업자
세척소독 도구 (청소도구)	상단 하부	• 세제를 묻힌 수세미를 사용하여 이물질 제거하고 물로 세척(2회 이상) 후 소독수를 분무한다.	세제, 수세미, 소독수, 분무기	1회/일	작업자

<대상 : 위생복 등 예시>

부위	세척·소독 방법	도구	주기	담당자
위생복	• 중성세제를 이용하여 세탁한다.	세탁기	1회/일	작업자
위생모	• 중성세제를 이용하여 세탁한다.	세탁기	1회/일	작업자
마스크	• 중성세제를 이용하여 세탁한다. (1회용의 경우 제외)	세탁기	1회/일	작업자
토시	• 중성세제를 이용하여 세탁한다.	세탁기	1회/일	작업자
위생장갑	• 중성세제를 이용하여 세탁한다.	세탁기	1회/일	작업자
앞치마	• 중성세제를 이용하여 세탁한다.	세탁기	1회/일	작업자
장화	• 연성세제를 이용하여 세척한다. • 건조 후 소독수를 분무한다.	세척조	1회/일	작업자

(회사로고)	**선행요건관리기준**
	위생관리

<세제 및 소독수 사용방법 예시>

제품명	용도	성분 및 함량	사용 방법 및 조제
○○	식품원료 (생채소 중 가열조리공정이 없는 경우) 살균소독제로 사용	디클로로아이소시안산 나트륨 (이염화이소시아늄산나트륨) 100%, $C_3-Cl_2-N_3-O_3Na$ 64%	• 원액을 물과 250배(200ppm) 희석하여 사용한다. • 1분 이상 처리 후 별도의 물 헹굼 처리가 필요 없으며, 최대한 기울여 여액을 완전히 흘러보낸 후 자연건조 한다. • 사용기준(량)을 초과하여(200ppm) 사용 시 처리 후 반드시 음용수로 헹구어야 한다.
○○	식품기기의 살균(칼, 도마), 손 소독기의 살균용액으로 사용	Ethy1 alcohol75% v/v이하. grapefruit seed ext < 0.07%, grycerin U.S.P < 0.03%	• 원액을 분무기에 넣고 사용한다. • (칼, 도마), 손 소독기의 살균용액으로 사용 • 사용 후 곧 증발되며 인체에 무해하다. • 식품 및 식품기기의 살균
○○○	채소, 과일 및 용기나 조리기구등 세척	계면활성제16% (고급아민계, 알킬황산에스테르(음이온) 고급아민계(비이온) D-LEMONENE, 알콜에추출물84%	• 미온수 1L에 세척제 2g을 첨가하여 사용한다. • 칼, 도마 등을 세척하는데 사용한다.
○○	발판소독수	차아염소산나트륨	• 물 5L에 락스 50ml를 희석하여 사용한다. • 발판소독수 조제 사용함.

○ 세척/소독 대상 목록 예시

세척/소독 대상 목록		
영업장		외부, 폐기물 처리장, ○○○…
작업장	청결구역	탈수실, 내포장실, ○○○…
	일반구역	전처리실, 세척실, ○○○…
부대시설		탈의실, 화장실, ○○○…
제조설비 및 도구	청결구역	혼합기, ○○○…
	일반구역	절임통, 세척기, ○○○…
위생설비	급/배기	급기구, 배기구, 에어커튼, ○○○…
	위생처리	에어샤워기, 손세척기, ○○○…
	방충, 방서	포충등, ○○○…
위생복		위생복, 위생모, ○○○…
운송차량 및 운반도구		지게차, 카트, ○○○…
모니터링 및 검사장비		수량계, 타이머, ○○○…
○○○…		○○○…

| (회사로고) | **선행요건관리기준** |
| | **위생관리** |

○ 세척·소독 기준 예시
 <청결구역 : ○○실>

대상	부위		세척·소독 방법	도구	주기	담당자
천장	내벽		- 빗자루나 진공청소기로 이물을 제거 - 세제를 묻힌 면포로 오염물질을 제거 - 물에 적신 면포로 닦기 - 소독수를 묻힌 면포로 닦고 자연건조	빗자루, 세제, 소독수 면포, 진공청소기	1회/주	홍길동
내벽	내벽, 배전판 외부		- 빗자루나 진공청소기로 이물을 제거 - 세제를 묻힌 면포로 오염물질을 제거 - 물에 적신 면포로 닦기 - 소독수를 묻힌 면포로 닦고 자연건조	빗자루, 세제, 소독수 면포, 진공청소기	1회/일	
	배전판 내부		- 덮개를 열고 마른 면포로 닦기	면포	1회/주	
바닥	바닥		- 빗자루나 진공청소기로 이물을 제거 - 세제를 묻힌 대걸레로 오염물질을 제거 - 물걸레로 닦기 - 스크래퍼로 물기를 제거 - 소독수를 묻힌 걸레로 닦고 자연건조	빗자루, 세제, 소독수 걸레, 스크래퍼, 진공청소기	1회/일	
	배수로	덮개	- 덮개를 열고 육안으로 오염이나 이물질 등을 확인 - 물을 분사한 후 면포로 닦기 - 소독수를 분사한 후 덮개를 닫기	호스, 면포, 염소소독수	생산 종료 시	
		배수로	- 덮개를 열고 육안으로 오염이나 이물질 등을 확인 - 물을 분사하여 이물질 등을 흘려보내거나 빗자루로 제거 - 염소 소독수를 흘려보내고 덮개 닫기	호스, 면포, 빗자루, 염소소독수	생산 종료 시	
문	문틀, 손잡이		- 빗자루나 진공청소기로 이물을 제거 - 세제를 묻힌 면포로 오염물질을 제거 - 물에 적신 면포로 닦기 - 소독수를 묻힌 면포로 닦고 자연건조	빗자루, 세제, 소독수 면포, 진공청소기	1회/일	
조명	조명커버 외부		- 빗자루나 진공청소기로 이물을 제거한다. - 세제를 묻힌 면포로 오염물질을 제거한다. - 소독수를 묻힌 면포로 닦고 마른 면포로 닦기	빗자루, 세제, 소독수 면포, 진공청소기	1회/주	
	조명커버 내부		- 커버를 분해하여 육안으로 오염이나 이물질 등을 확인 - 깨끗한 젖은 면포로 닦기 - 깨끗한 마른 면포로 닦기 - 소독수를 분사하고 자연건조 후 조립	빗자루, 세제, 소독수 면포, 진공청소기	1회/2주	
	조명		- 커버를 분해하여 육안으로 오염이나 이물질 등을 확인 - 깨끗한 마른 면포로 닦기	면포	1회/2주	

환풍기는 환풍기 세척·소독 방법에 따라 실시
세제 : OOO사용, 소독수 : 70% 알코올 사용, 염소 소독수 : 200ppm 사용

(회사로고)	**선행요건관리기준**
	위생관리

<예시 - 제조설비>

대상	부위	세척·소독 방법	도구	주기	담당자
세척기	벨트	- 작업 종료 후 세제를 사용하여 청소 - 세제 제거 후 용수로 헹굼 - 자연 건조	용수, 세제	1회/일	홍길동 (세병담당)
	내부	- 작업 종료 후 세제로 오염물질을 제거 - 내부 바닥 이물질을 물과 세제로 제거 - 용수로 헹굼 - 자연 건조	용수, 걸레, 염소수	1회/일	
	외부	- 작업 종료 후 세제로 오염물질을 제거 - 용수로 헹굼 - 자연 건조	노즐 마개 개봉 도구, 용수	1회/주	
000…					

세제 : 000사용, 소독수 : 70% 알코올 사용, …

<예시 - 위생설비>

대상	부위	세척·소독 방법	도구	주기	담당자
환풍기	날개	- 환풍기를 환풍구에서 분리 - 세제를 묻힌 면포로 닦기 - 젖은 면포로 닦기 - 마른 면포로 닦기 - 소독수를 분무하여 소독 후 자연 건조	소독수, 세제, 면포, 분무기	1회/분기	홍길동 (00담당), 이순신 (00담당)
	덮개	- 환풍기를 환풍구에서 분리 - 세제를 묻힌 면포로 닦기 - 젖은 면포로 닦기 - 마른 면포로 닦기 - 소독수를 분무하여 소독 후 자연 건조	소독수, 세제, 면포, 분무기	1회/분기	
	모터	- 청소용 솔로 이물질을 분리 - 진공청소기로 이물질을 제거 후 마른 면포로 닦기	청소용 솔, 진공청소기, 면포	1회/분기	
	방충필터	- 진공청소기로 이물질을 제거 - 물로 세척하고 평평하게 펴서 자연 건조	진공청소기, 용수	1회/분기	
	방충망	- 진공청소기나 브러쉬로 이물질을 제거 - 물로 세척 - 마른 면포로 닦기 - 소독수를 분사하여 소독 후 자연 건조	진공청소기, 브러쉬, 용수, 면포, 소독수	1회/분기	
	방충구	- 세제를 묻힌 면포로 닦기 - 젖은 면포로 닦고 마른 면포로 닦기	세제, 면포	1회/분기	
000…					

세제 : 000사용, 소독수 : 70% 알코올 사용, 염소 소독수 : 000ppm 사용

(회사로고)	**선행요건관리기준**
	위생관리

<예시 - 모니터링 및 검사 장비>

대상	부위	세척·소독 방법	도구	주기	담당자
저울	외부, 바닥	- 젖은 면포로 닦고 마른 면포로 닦기	면포	사용 후	홍길동 (OO담당), 이순신 (OO담당)
		- 세제를 묻힌 면포로 닦기 - 젖은 면포로 닦기 - 소독수를 묻힌 면포로 닦고 마른 면포로 닦기	세제, 면포, 소독수	1회/주	
	칭량대	- 젖은 면포로 닦고 마른 면포로 닦기			
		- 세제를 묻힌 면포로 닦기 - 젖은 면포로 닦기 - 소독수를 묻힌 면포로 닦고 마른 면포로 닦기	세제, 면포, 소독수	1회/주	
	내부 (칭량대 제거)	- 마른 면포로 닦기	면포	1회/주	
OOO…					

세제 : OOO사용,　소독수 : 70% 알코올 사용

(회사로고)	**선행요건관리기준**
	제조시설 · 설비 관리

7. 제조시설·설비 관리

7.1. 제조 시설·설비의 요건
1) 제조 시설·설비는 제품을 위생적으로 생산 하는데 적합한 성능과 용량을 갖추어야 한다.
2) 식품과 직·간접적으로 접촉 가능성이 있는 제조 시설·설비는 관련 기준규격에 적합한 것을 사용한다.
3) 제조 시설·설비는 위생적인 내수성, 내부식성 재질(스테인레스, 알루미늄 등)로서 씻기 쉬우며, 열탕, 증기, 살균제 등으로 소독, 살균이 가능하여야 한다.
4) 식품과 직·간접적으로 접촉 가능성이 있는 제조 시설·설비는 내부의 구석진 곳 까지 청소 및 소독이 가능한 구조여야 한다.
5) 제조 시설·설비는 깨지거나, 틈이 생겨 벌어지거나, 조각나거나, 벗겨지거나, 구멍이 나거나 하는 등의 결함이 없어야 한다.
6) 온도를 높이거나 낮추는 제조 시설·설비는 온도변화를 측정·기록하는 장치를 설치· 구비하거나 일정한 주기를 정하여 온도를 측정하고, 그 결과를 유지하여야 하며, 관리계획에 따른 온도가 유지되어야 한다.

7.2. 제조 시설·설비의 배치
1) 제조 시설·설비는 공정간 또는 시설·설비간 교차오염이 발생되지 않도록 공정의 흐름에 따라 적절히 배치한다.
2) 제조 시설·설비는 청소가 용이하도록 바닥, 벽, 천장과의 공간을 확보하여 배치한다.
3) 오염물질의 낙하로 제품오염이 우려될 경우 뚜껑, 덮개 등 방지장치를 설치한다.
4) 제조 시설·설비는 식품용 윤활유를 사용하고, 물리적 위해요인에 의한 오염이 발생 하지 않도록 한다.

7.3. 제조 시설·설비 관리
1) 제조 시설·설비는 사용 후 교차오염을 방지 할 수 있도록 세척·소독 기준에 따라 세척·소독을 하여 청결하게 관리한다.
2) 제조·가공에 사용되는 기구 및 용기류는 용도별로 구분하여 사용하고 세척·소독 기준에 따라 세척·소독하여 오염되지 않도록 보관한다.
3) 제조 시설·설비 및 기구, 용기류는 시설·설비·제조도구 점검표에 따라 점검을 하여 작업에 적합한 상태가 유지되도록 관리하고 그 결과를 기록·유지한다.

7.4. 점검 및 유지 보수, 예비부품 및 유휴설비 관리
1) 모든 설비는 각 설비의 매뉴얼에 따라서 운전하여야 한다.
2) 정기점검 계획에 따라 각 설비의 운전상태 등을 점검하여 년 1회 정기보수를 실시한다.

(회사로고)	선행요건관리기준
	제조시설 · 설비 관리

 3) 주기적으로 교환하는 부품의 사용 수명이 3개월 이하인 부품은 항상 보관을 원칙으로 한다.
 4) 유휴설비는 교차오염이 발생하지 않도록 보호조치와 식별표시를 한다.

7.5. 관리기준 이탈 시 조치 사항
 1) 설비의 문제점(훼손, 처리 능력 부족, 고장 등)이 발생되었을 경우 해당 팀장에게 보고 후 개선조치 실시 및 결과 보고서 작성하여 HACCP팀장의 승인을 득한다.
 2) 기준 이탈 시 해당 팀장에게 보고 후 개선조치 실시 및 결과 보고서 작성하여 HACCP팀장의 승인을 득한다.

| (회사로고) | **선행요건관리기준** |
| | **냉장·냉동 시설·설비 관리** |

8. 냉장·냉동 시설·설비 관리

8.1. 설비 기준
1) 원·부재료 및 완제품의 품질 저하방지를 위해 충분한 공간을 확보하고, 효과적으로 수용할 수 있는 구조와 기능을 가지도록 설비한다.
2) 교차오염을 막기 위해 구분할 수 있는 구조를 갖도록 한다.
3) 바닥은 청소가 용이하도록 평평한 구조를 가진다.
4) 문은 냉기의 방출을 줄일 수 있도록 안전 밀폐 장치로 완전 밀폐가 되는 구조를 갖추어야 한다.
5) 사용하지 않는 경우, 담당자 외에 열수 없도록 잠금장치가 되어 있어야 한다.

8.2. 온도 유지 기준
1) 냉장시설은 내부의 온도를 10℃이하, 냉동시설은 -18℃이하로 유지한다.
2) 외부에 온도계를 설치하여 내부의 온도 변화를 관찰할 수 있어야 한다.
3) 온도 감응 장치의 센서는 온도가 가장 높게 측정되는 곳에 설치한다.
4) 담당자는 냉장·냉동고의 온도를 온·습도, 조도점검표에 따라 점검하고 결과를 기록, 유지한다.

8.3. 관리 기준
1) 보관 시에는 벽으로부터 10cm 이상, 바닥으로부터 이격되도록 적재한다.
2) 정상적으로 유지될 수 있도록 점검, 정비를 실시하고 그 결과를 시설·설비이력카드에 기록, 유지한다.

8.4. 관리기준 이탈 시 조치 사항
1) 설비의 문제점(훼손, 처리 능력 부족, 고장 등)이 발생되었을 경우 해당 팀장에게 보고 후 개선조치 실시 및 결과 보고서 작성하여 HACCP팀장의 승인을 득한다.
2) 기준 이탈 시 제품의 품질 이상 유무를 확인 및 해당 팀장에게 보고 후 개선조치 실시 및 결과 보고서 작성하여 HACCP팀장의 승인을 득한다.

(회사로고)	**선행요건관리기준**
	용수 관리

9. 용수 관리

9.1. 수질 관리
1) 식품 제조·가공에 사용되거나, 시설·설비, 기구·용기, 종업원 등의 세척에 사용되는 용수는 수돗물을 사용한다.
   ① 지하수를 사용하는 경우는 다음 내용을 추가한다.
      ▸ 지하수는 먹는 물 수질기준에 적합한 것을 사용한다.
      ▸ 지하수의 취수원은 화장실, 폐기물·폐수처리시설, 동물사육장 등에 의하여 오염되지 않도록 관리한다.
      ▸ 지하수는 반드시 그 효과가 입증된 용수 살균·소독장치로 처리하여 사용한다.
2) 지하수를 사용하는 경우 먹는 물 수질기준 전 항목 검사를 연1회 이상(음료류 등 직접 마시는 용도의 경우는 반기 1회 이상) 공인기관에 의뢰하여 실시하고 검사성적서 등을 보관 관리한다.
3) 용수에 대한 미생물 검사는 먹는 물 관리법의 기준에 따라 월1회 이상 실시하고 그 결과를 용수검사성적서에 기록, 유지한다.
   ○ 용수검사 기준 예시
      ① 외부에 의뢰하는 경우는 검사성적서 등을 보관 관리한다.
4) 미생물 검사는 간이검사키트를 이용하여 자체적으로 실시한다.
5) 수질검사 결과 이상이 발생한 경우는 즉시 사용을 중단하고 관련 규정에 따라 필요한 조치를 실시하며 그 결과를 기록, 유지한다.

9.2. 용수 설비 관리
1) 용수저장탱크, 배관 등은 인체에 유해하지 않은 재질을 사용한다.
   ① 지하수를 사용하는 경우는 다음 내용을 추가한다.
      ▸ 관정, 집수정 및 침전조 관리 사항
2) 용수저장탱크는 청소가 용이한 재질과 형태이어야 한다.
3) 용수저장탱크는 외부로부터의 오염물질 유입을 방지하는 잠금장치를 설치한다.
4) 용수저장탱크의 누수 및 오염여부를 용수관리 점검표에 따라 점검하고 그 결과를 기록, 유지한다.
5) 용수저장탱크는 반기별 1회 이상 관련법령에 적합하게 청소와 소독을 실시한다.
6) 비음용수 배관은 음용수 배관과 구별되도록 표시하고 교차되거나 합류되지 않아야 한다.

9.3. 관리기준 이탈 시 조치 사항
1) 설비의 문제점(훼손, 처리 능력 부족, 고장 등)이 발생되었을 경우 해당 팀장에게 보고 후 개선조치 실시 및 결과 보고서 작성하여 HACCP팀장의 승인을 득한다.

(회사로고)	선행요건관리기준
	용수 관리

2) 기준 이탈 시 제품의 품질 이상 유무를 확인 및 해당 팀장에게 보고 후 개선조치 실시 및 결과 보고서 작성하여 HACCP팀장의 승인을 득한다.

(회사로고)	**선행요건관리기준** **보관 · 운송 관리**

10. 보관·운송 관리

10.1. 입고 관리
1) 입고되는 원·부재료는 식품공전의 원료구비요건에 충족되어야 하며, 원료 건전성 여부 확인 및 품질규격 등이 포함된 원·부재료 기준규격을 수립하여야 한다.
2) 원·부재료 특성에 따라 가식부 및 비가식부 구분기준, 사용비율 등이 포함된 원·부재료 사용기준을 수립하여야 한다.
3) 입고되는 원·부재료는 입고검사를 실시하여 기준 및 규격에 적합한 원·부재료만을 사용한다.
4) 입고검사는 원·부재료 기준규격에 따라 실시하며 검사결과를 제품검사 성적서에 기록, 유지한다.
5) 필요 시 검사성적서(공인 또는 자가) 확인으로 입고검사를 대체한다.
6) 입고검사에 합격한 원·부재료는 품목별로 지정된 보관 장소에 선입선출이 가능하도록 식별표를 부착하여 입고한다.
7) 입고검사에 불합격한 원·부재료는 사용하지 않고 반송, 폐기 등의 조치를 취하고 부적합품 관리점검표에 결과를 기록하여 관리한다.

10.2. 협력업체 관리
1) 가공된 원부재료(단순가공포함)는 식품위생법 및 축산물위생관리법에 따른 영업허가(등록)가 되어있는 업체에서 생산된 제품을 선정한다.
2) 협력업체의 입고자재 관리 및 검사 체계, 위생관리 실태를 평가하여 일정 기준 이상의 업체를 선정하여 협력업체로 등록한다. 다만, 협력업체가 "식품위생법"이나 "축산물위생관리법"에 따른 HACCP적용업소일 경우에는 이를 생략할 수 있다.
   ① 신규업체의 경우 평가, 선정 및 등록에 필요한 법적서류를 구비하고 실사하여 평가한다(단, 일부협력업체는 서류평가로 대체할 수 있다). 원·부재료의 품질에 대한 사전 점검을 실시한 후 품질 규격·기준에 적합한 경우만 입고를 원칙으로 한다.
   ② 기존업체의 경우 평가는 원·부재료의 품질 및 납기에 대한 점검을 실시한다.
3) 선정된 협력업체는 주기적(1회/OO)으로 방문, 관련서류 확인 등을 통하여 협력업체 점검표에 따라 평가한다.
   <평가 예시>
   ▶ 방문평가 기준 : 산지농가 업체, 1차 가공업체, 단순 유통업체(도매상 등)
   ▶ 서류평가 기준 : 단순 유통업체(도매상 등), HACCP인증 업체
4) 평가 결과 일정 기준에 미달한 업체는 미흡사항에 대한 개선을 요구하거나 거래중단 등의 조치를 한다.

(회사로고)	**선행요건관리기준**
	보관 · 운송 관리

○ **협력업체 평가 관리 기준 예시**

등급	A	B	C	D	E
점수	90~100 (우수)	80~89 (보통)	70~79 (미흡)	60~69 (권고)	60미만 (불량)
내용	1년 평가 면제	년 1회 평가	개선조치 요청 년 1회 평가	개선조치 요청 및 회신 후 판정	거래 정지

○ **협력업체 즉시 자격 취소 기준 예시**
 ① 시정조치 요구에 2회 이상 불응하는 경우
 ② 식품위생법 등 행정처분을 받은 경우
 ③ 원료에 심각한 위해가 발생한 경우
 ④ 정당한 사유 없이 공급을 피하는 경우와 부도 등으로 거래 불가한 경우

10.3. 운송
 1) 운반 중인 식품은 비식품 등과 구분하여 교차오염을 방지한다.
 2) 운송차량(지게차 등 포함)은 정기적으로 세척, 소독 및 도색 등을 실시하여 운송 제품이 오염되지 않도록 한다.
 3) 운송차량은 냉장의 경우 10℃이하, 냉동의 경우 -18℃이하를 유지할 수 있도록 한다.
 4) 운송차량은 외부에서 온도변화를 확인할 수 있는 온도 기록장치를 부착한다.

10.4. 보관
 1) 원료 및 완제품은 선입선출 원칙에 따라 입·출고하고 입·출고 상황을 입·출고 및 재고 점검표에 기록하여 관리한다.
 2) 원·부재료, 반제품 및 완제품은 대상별로 구분하여 관리한다.
 3) 원·부재료, 반제품 및 완제품은 바닥과 벽에 밀착되지 않도록 적재하여 관리한다.
 4) 부적합한 원·부재료, 반제품 및 완제품은 별도의 지정된 장소에 보관한다.
 5) 부적합품은 명확하게 식별되는 표식을 하여 관리한다.
 6) 부적합품은 반송, 폐기 등의 조치를 취한 후 그 결과를 부적합품 관리점검표에 기록·유지한다.
 7) 유독성 물질, 인화성 물질 및 비식용 화학물질은 식품취급 구역으로부터 격리한다.
 8) 유독성 물질 등은 환기가 잘되는 지정 장소에서 구분하여 보관·취급한다.

(회사로고)	**선행요건관리기준**
	보관 · 운송 관리

※ 유독성, 인화성 물질 관리 기준표 예시

보관장소	취 급 시 주 의 사 항	관 리
지정장소	-인화성 물질, 눈, 피부에 묻었을 때 즉시 물로 충분히 씻는다. -환기가 잘 되는 장소에 보관한다. -해당물질별 사용방법 및 사용량을 준수한다. (MSDS 및 세척·소독 지침서를 참고한다.)	품질관리팀

(회사로고)	**선행요건관리기준**
	검사 관리

11. 검사 관리

11.1. 제품검사

1) 생산된 제품은 제품검사(별도로 설정된 자사규격에 따라 검사)를 실시하고 그 결과를 검사 성적서에 기록, 유지한다.

※ 제품 검사관리 기준표 예시

작성주기	자체검사	공인기관
생산 시	성상·관능, 이화학검사, 대장균	-
월		
분기		

2) 필요시 제품검사를 공인기관 등에 의뢰하고 성적서를 받아 보관, 관리한다.
3) 검사결과 부적합품은 재가공, 폐기 등의 조치를 취한 후 그 결과를 부적합 조치 보고서에 기록·유지한다.
4) 검사일지의 작성
   ① 모든 관련 검사결과는 검사일지에 기록하고 메모지 등 쪽지를 사용하여 기록해서는 안 된다.
   ② 검사를 의뢰 받을 경우 판정결과 및 연월일을 검사일지에 기록한다.
   ③ 검사일지에는 품명, 용량, 제조번호, 검사항목, 검사결과, 검사일자, 검사자 등을 기재한다.
   ④ 재검사를 실시하였을 때에는 그 설명이 검사일지에 기록되어 있어야 한다.
5) 공급업체 서류 수령
   ① 원·부재료에 대하여 주기에 따라 시험성적서를 수령하고, 최초 입고 시 국내산 자재의 경우 시험성적서, 영업신고증 및 품목제조보고서를 수령한다. 단, 수입산 자재의 경우는 수입신고필증, 시험성적서를 수령한다.
   ② 공급업체에서 발행한 시험성적서의 항목이 기준과 다른 경우, 공급업체에 항목을 추가 또는 변경 요청을 해야 한다. 단, 항목이 다른 경우에는 사유를 기입한다.
   ③ 공급업체 시험성적서로 대체 할 수 없을 때에는 공인기관 시험성적서로 대체하고 이 경우는 법적 유효기간 이내의 것이어야 한다.
6) 검사기록의 점검 및 통보
   ① 검사기록은 검사일지를 작성 후 검사자가 작성란에 서명하고 품질관리팀장이 검토 및 승인하여 서명한다.
   ② 검사결과에 대해 필요할 때에는 관련부서에 통보한다. 이때 유선통보를 원칙으로 하며 필요 시 성적서 발부나 직접 통보할 수 있다.

(회사로고)	**선행요건관리기준**
	검사 관리

③ 품질관리팀장은 검사결과에 의심이 있을 경우 재검사를 명하거나 다른 전문가와 협의한 후 그 결과를 참고하여 판정한다.
▸ 이화학검사 및 미생물 검사는 식품위생법 등의 검체 채취방법 및 실험방법에 따라 검사한다.

11.2. 검사장비
 1) 냉장·냉동 및 가열처리 시설 등의 온도측정 장치, 검사용 장비 및 기구는 정기적으로 검·교정을 실시한다.
 2) 검·교정 주기는 대상 장치 및 장비 등의 정밀도, 중요도, 사용 빈도 등을 감안하여 설정한다.
 3) 검·교정은 표준기를 이용하여 다음과 같은 방법으로 실시하고, 자체 검·교정 성적서를 작성한다.

> ○ 저울
> · 편평한 곳에서 먼저 계량기의 0점을 조정한 후 최소 정밀도 단위의 분동(50g~100g)부터 단계별로 올려 그 지시값을 측정한다.
> · 저울의 표시중량을 기록하고 표준중량(분동중량)과의 편차를 기록한다.
> · 편차가 기준(표준중량의 ±1%)을 초과할 경우 교정을 실시하여 사용한다.
> ○ 온도계
> · 편평한 곳에서 100℃정도의 물(끓는물)과 10℃이하(얼음물)의 물을 준비한 후 표준온도계와 측정 온도계를 동시에 넣어 온도를 확인한다.
> · 편차가 기준(표준온도의 ±1℃)을 초과할 경우 교정을 실시하여 사용한다.

 4) 검·교정 결과는 모니터링 및 검사장비 검·교정 점검표에 기록, 관리한다.
 5) 필요 시 외부기관에 검·교정을 의뢰하고 외부기관에서 발급한 검·교정 성적서를 보관, 관리한다.
 6) 검·교정 결과 이상이 있는 장비는 수리, 폐기 등을 하고 처리결과를 모니터링 및 검사장비 검·교정 점검표에 기록하여 관리한다.
 ※ 나머지 검사장비, 모니터링 장비 등은 자체 검·교정 방법을 수립하여 외부 또는 자체 검·교정 하여야 함.

11.3. 시약관리
 1) 시약의 특성에 따라 정해진 장소에 보관하며, 유효기간을 준수한다.
 2) 시약수불대장 및 관리대장을 작성하여 관리하고 유효기간이 지난 것은 폐기한다.

(회사로고)	**선행요건관리기준**
	검사 관리

○ 위생검사 기준규격

<공중낙하세균 검사 기준 규격 예시>

검사방법	측정 장소 : 공중낙하균 측정 위치도를 참조하여 검사한다. 측정 시간 : 개방 시간은 15분으로 한다.				
구분	구분	작업장명	기준 (cfu/plate 이하)		
			일반세균	대장균군	진균
	배양온도/시간		35℃ / 24h±2h		25℃ / 5일~7일
	청결구역	○○실 등	1.0×10^1 ↓	1.0×10^1 ↓	1.0×10^1 ↓
	일반구역	○○○실 등	3.0×10^1 ↓	1.0×10^1 ↓	3.0×10^1 ↓
검사주기	1회/월				
기록관리	공중낙하세균 점검표				

<표면 오염도 검사 기준규격 예시>

검사방법	작업장 내 사용 중인 작업도구 및 공정설비를 swab contact method를 이용하여 측정한다.			
구분	일반구역		청결구역	
	대장균군 (CFU/100cm²)	일반세균수 (CFU/100cm²)	대장균군 (CFU/100cm²)	일반세균수 (CFU/100cm²)
배양온도/시간	35℃±2 24h±2	35℃±2 24h±2	35℃±2 24h±2	35℃±2 24h±2
세척 소독 전	1.0×10^4 ↓	1.0×10^5 ↓	음성	1.0×10^3 ↓
세척 소독 후	1.0×10^2 ↓	1.0×10^3 ↓	음성	5.0×10^1 ↓
검사주기	1회/월			
기록관리	표면오염도 점검표(시설·설비·도구)			

(회사로고)	**선행요건관리기준**
	검사 관리

<작업자 위생 검사 기준규격 예시>

검사방법	작업자의 손, 위생장갑, 앞치마, 위생화, 위생복 등을 swab contact method를 이용하여 측정한다.			
구분	일반구역		청결구역	
	대장균군 (CFU/100cm^2)	일반세균수 (CFU/100cm^2)	대장균군 (CFU/100cm^2)	일반세균수 (CFU/100cm^2)
배양온도/시간	35℃±2 24h±2	35℃±2 24h±2	35℃±2 24h±2	35℃±2 24h±2
세척 소독전	$1.0 \times 10^4 \downarrow$	$1.0 \times 10^5 \downarrow$	음성	$1.0 \times 10^3 \downarrow$
세척 소독후	음성	$1.0 \times 10^3 \downarrow$	음성	$5.0 \times 10^1 \downarrow$
검사주기	1회/월			
기록관리	표면오염도 점검표(작업자)			

<용수검사 기준 규격 예시>

검사방법	효소발색키트를 이용하여 수질내 총대장균군 및 대장균, 분원성대장균군 유무 판별 용수 100ml에 키트를 넣고 변화색 확인 - 무 색 : 총대장균군 및 대장균, 분원성 대장균군 음성 - 노란색 : 총대장균군에 양성 ⇨ 노란색을 띠면 어두운 곳에서 샘플을 10cm거리에서 UV램프를 비춰 형광을 띠는지 확인 후 형광색이 나타날 경우 : 대장균양성						
검사항목	맛	냄새	검사항목	일반세균	총 대장균군	분원성 대장균군	대장균	잔류염소
			배양온도 및 시간	35±1℃/ 24~48시간	35±1℃ 24±2시간	총 대장균군 시험에 준함	총 대장균군 시험에 준함	잔류염소 측정페이퍼
규격 기준	이미가 없을 것	이취가 없을 것	-	100↓ (CFU/㎖)	음성 (CFU/100㎖)	음성 (CFU/100㎖)	음성 (CFU/100㎖)	4ppm이하
검사 주기	1회 / 월							
필 터 교 환	1회 / 월							
기 록 관 리	용수미생물 점검표							

(회사로고)	**선행요건관리기준** **회수프로그램 관리**

12. 회수프로그램 관리

12.1. 회수의 분류 및 처리기준
 1) 강제 회수
  ① 대상
   식품위생상의 위해가 발생하였거나 발생할 우려가 있다고 인정되는 식품 등으로서 행정처분기준(시행규칙 제89조 관련)에서 당해제품 폐기에 해당되는 위반상이 적발된 식품 등
  ② 처리 범위
   문제가 된 당해제품 전량 또는 특정로트 제품을 회수하는 것을 원칙으로 한다.
  ③ 처리기준
   전량 회수 후 폐기한다.
  ④ 처리 기한
   법적 회수에 대한 사항은 10일 이내 완료한다.
 2) 자율 회수
  ① 대상
   식품위생법 제4조 내지 제6조, 제7조제4항, 제8조, 제9조제4항의 규정을 위반한 제품(식품 등의 위해와 관련이 없는 위반사항을 제외한다)
  ② 처리 범위
   문제가 된 당해제품 전량 또는 특정로트 제품을 회수하는 것을 원칙으로 한다.
  ③ 처리 기준
   전량 회수 후 폐기한다.
  ④ 처리 기한
   자율 회수에 대한 사항은 20일 이내 완료한다.

(회사로고)	**선행요건관리기준**
	회수프로그램 관리

○ 자율회수 대상기준 예시

발생구분		식품위생법	당사 자율 회수 대상
식품	제4조1	썩었거나 상하였거나 설익은 것으로서 인체의 건강을 해할 우려가 있는 것	소비자 클레임이 접수된 경우
	제4조2	유독·유해물질이 들어 있거나 묻어 있는 것 또는 그 염려가 있는 것. 다만, 인체의 건강을 해할 우려가 없다고 식약처장이 인정하는 것은 예외로 한다.	공정 모니터링 중 위해사항을 발견한 경우
	제4조3	병원미생물에 의하여 오염되었거나 그 염려가 있어 인체의 건강을 해할 우려가 있는 것	원료, 공정, 완제품 미생물분석 시 식중독균 검출기준을 위반한 것
	제4조4	불결하거나 다른 물질의 혼입 또는 첨가 기타의 사유로 인체의 건강을 해할 우려가 있는 것	제품 내 이물 등이 혼입되어 소비자 클레임이 접수된 경우
	제4조5	영업의 허가를 받아야 하는 경우 또는 신고를 하여야 하는 경우에 허가받지 아니하거나 신고하지 아니한 자가 제조·가공·소분한 것	허가받지 아니하거나 신고하지 아니한 원료를 사용한 것
	제4조6	안전성 평가의 대상에 해당하는 농·축·수산물 등으로서 안전성 평가를 받지 아니하거나 안전성 평가결과 식용으로 부적합하다고 인정된 것	안전성 평가를 받지 아니하거나 안전성 평가결과 식용으로 부적합하다고 인정된 원료를 사용한 것
	제4조7	수입이 금지된 것 또는 수입신고를 하여야 하는 경우에 신고하지 아니하고 수입한 것	수입 금지 및 수입신고를 하지 아니한 원료를 사용한 것
	제6조	기준·규격이 고시되지 아니한 화학적 합성품인 첨가물과 이를 함유한 물질을 식품첨가물로 사용하거나 이를 함유한 식품을 판매하거나 판매의 목적으로 제조·수입·가공·사용·조리·저장 또는 운반하거나 진열하지 못한다.	제품분석 및 실험 활동을 통한 검출 기준을 위반한 것
	제7조 4항	기준과 규격이 정하여진 식품 또는 식품첨가물은 그 기준에 의하여 제조·수입·가공사용·조리 또는 보존하여야 하며, 그 기준과 규격에 맞지 아니하는 식품 또는 식품첨가물은 판매하거나 판매의 목적으로 제조·수입·가공·사용·조리·저장·운반·보존 또는 진열 하지 못한다.	
기구 및 용기 포장	제8조	유독·유해물질이 들어있거나 묻어 있어 인체의 건강을 해할 우려가 있는 기구 및 용기·포장과 식품 또는 식품첨가물에 접촉되어 이에 유해한 영향을 줌으로써 건강을 해할 우려가 있는 기구 및 용기·포장을 판매하거나 판매의 목적으로 제조·수입·저장·운반 또는 진열하거나 영업상 사용 하지 못한다.	제품분석 및 실험 활동을 통한 검출기준을 위반한 것 (재질 규격 및 용출규격)
	제9조 4항	기준과 규격이 정하여진 기구 및 용기·포장은 그 기준에 의하여 제조하여야 하며, 그 기준과 규격에 맞지 아니하는 기구 및 용기·포장은 판매하거나 판매의 목적으로 제조·수입·저장·운반·진열하거나 기타 영업상 사용하지 못한다.	

(회사로고)	**선행요건관리기준**
	회수프로그램 관리

12.2. 회수업무 처리의 흐름
1) 회수업무 처리의 흐름도

1. 회수상황 접수	⇒	· 유통제품 회수상황 접수 · 제품 회수, 상황정보 수립 · 회수제품 위해물질 시험분석, 고객품질정보 수집 · 자체 회수 보고	⇒	품질 영업
2. 회수대상제품 출고 중지 및 보류 조치	⇒	· 회수 대상제품 출고 및 판매보류 조치 · 회수 품목, 예상 물량 및 고객 사용 중지 통보 및 교환 (유선, 팩스)	⇒	영업
3. 회수분류결정	⇒	· 자율회수, 강제회수 상황 분류 · 회수제품의 분포, 수량, 회수 범위 결정 · 회수 명령 결정	⇒	팀장 영업 품질
4. 회수계획수립	⇒	· 회수계획의 수립(회수 상환 분류, 범위, 방법) · 회수 공문 작성	⇒	영업
5. 회수 실시	⇒	· 회수 계획에 의한 회수 실시 · 유통지역, 거래선 통보 · 회수 제품 별도 보관 관리	⇒	영업
6. 회수제품 분석	⇒	· 회수제품 로트 샘플 분석 평가 · 품질 파악 및 회수 상황 확인 · 위해물질 시험 분석	⇒	품질
7. 회수 결과	⇒	· 회수의 실시 및 결과 보고 · 미회수 처리 제품에 대한 사후 대책 · 회수 처리 제품 폐기 처리 · 회수 평가서 작성 (※ 자사 자체양식) · 법적 대응 및 조치	⇒	영업
8. 사후 관리	⇒	· 회수 관련 제품 원인 및 대책 수립 · 사전예방관리 체계 구축	⇒	생산

(회사로고)	**선행요건관리기준**
	회수프로그램 관리

12.3. 회수상황의 파악
 1) 고객으로부터 접수된 제품을 회수하여 위해물질 시험분석을 하여 회수상황을 파악한다.
 2) 파악된 회수상황을 자율회수와 강제회수 등으로 분류하여 회수대상 제품출고 및 판매 보류 조치한다.
 3) 회수 대상 제품으로 확정하기 전에 검체의 채취, 취급방법, 검사방법 등에 오류가 있을 경우에는 재검사를 실시하여 결정토록 하고, 고객의 검사방법, 검체의 채취 등에 잘못이 있을 경우 이의를 제기할 수 있다.
 4) 회수 시 다음 사항을 고려하여 신중히 타당성을 조사한 후 결정한다.

> 1. 인체건강에 위해의 치명적인 결점 사항
> 2. 사회적 문제로 확대, 회사 이미지 실추 및 회사 존립문제의 사항
> 3. 식품위생법규 위반에 관한 위해, 안전성 문제 대두
> 4. 고객으로부터 위해물질 검출 또는 검증된 사항
> 5. 특정성분 잔류 검출에 의한 건강위해 우려사항

12.4. 회수 계획의 수립 및 처리
 1) 회수 담당자는 회수 상황 발생시 회수대상 제품의 유통을 중지시키고 효율적이고 효과적인 회수계획을 수립하여 관련부서에 통보한다.
 2) 회수계획 시에는 다음 사항이 포함되어야 한다.
  ① 회수대상 식품의 제품명, 제조회사, 판매경로, 판매량, 로트번호
  ② 회수상황 분류 및 발생 이유
  ③ 회수의 실시방법(회수기간 명시)
  ④ 기타 필요한 회수제품 처리방법 사항
 3) 회수 계획의 관련 내용은 관련 판매처 및 거래처에 즉시 통보하여 신속하고 체계적으로 처리될 수 있도록 한다.
 4) 회수 담당자는 대상 품목의 유통 또는 판매를 중지시키고 회수 통보문을 작성하여 판매처에 서면으로 통지한다.
 5) 공표문에는 다음의 사항이 포함되어야 한다.
  ① 식품을 회수한다는 내용의 표제
  ② 회수대상 식품의 제품명
  ③ 회수대상 식품의 제조연월일 또는 유통기한
  ④ 회수사유
  ⑤ 회수방법

(회사로고)	**선행요건관리기준**
	회수프로그램 관리

  ⑥ 회수하는 영업자의 명칭
  ⑦ 회수하는 영업자의 주소 및 전화번호
  ⑧ 기타사항
 6) 회수 담당자는 회수 대상 제품의 로트를 정확히 파악하여 고객으로부터 직접 또는 대리점을 통해 회수한다.
 7) 회수된 제품은 별도구역을 정하여 보관하며 폐기 등의 필요한 절차 및 조치를 한다.
 8) 회수 담당자는 품질관리팀장 입회하에 폐기처분을 원칙으로 하며, 이에 대한 근거 자료(사진 등)을 비치하고 있어야 한다.

12.5. 회수 결과 보고, 종료 및 사후조치
 1) 회수 담당자는 회수 진행에 대한 최종 평가를 한 후 회수 종료 결정을 하고 이에 따른 회수실적을 검토하여, 제품회수 결과보고서를 작성하여 HACCP 팀장에게 보고한다.
 2) 회수된 제품은 폐기처분함을 원칙으로 하며, 폐기품의서를 작성하여 HACCP 팀장에게 보고한다.
 3) 회수 계획에 따라 회수 평가와 회수 결과 분석을 하여 미회수량이 5% 미만인 경우 고객이 소비한 것으로 간주하여 회수 종결을 한다.
 4) 문제 재발 방지를 위하여 명확한 개선책, 회수에 대한 타당성의 조사, 회수의 효율성을 체크한다.

12.6. 추적성 관리
 1) 추적성 대상품목은 HACCP관리기준서의 제품설명서에 따르며, 추적성은 완제품에 사용하는 원재료도 포함하여 관리한다.
 2) 추적성 보장을 위한 원재료 및 제품의 식별은 관리팀장이 작업 지시서에 품명, 규격, 수량 등을 기록한다.
 3) 원재료 및 제품의 추적성은 다음과 같이 로트 번호를 부여하여 식별표시 한다.
 4) 원료의 로트 단위체는 원료별, 협력업체별, 날짜별을 1회 로트로 형성하며 다음과 같이 표시한다.

   | 품명 입고처 수량(ea)/중량(kg) 입고일자/유통기한 등 |

 5) 완제품의 로트단위체는 1일 같은 시간대 생산량을 1회 로트로 형성하며 다음과 같이 표시한다.

   | 품명 출고처 수량(ea)/중량(kg) 제조일자/유통기한 등 |

 6) 출고된 제품의 추적성 관리는 완제품 출고 일점검표에 기록된 제품명, 수량, 출고처 등을 근거로 한다.

(회사로고)	선행요건관리기준 기록 및 보관

13. 첨부, 기록 및 보관

양식명	양식번호	작성부서	보관부서	보존연한
	첨부 1			
	첨부 2			
	양식 1			
	양식 2			
	양식 3			
	양식 4			
	양식 5			
	양식 6			
	양식 7			
	양식 8			
	양식 9			
	양식 10			
	양식 11			
	양식 12			
	양식 13			
	양식 14			
	양식 15			
	양식 16			
	양식 17			
	양식 18			
	양식 19			

기록관리(점검표) 목차

1. 업무 인수인계서 ·· 135
2. 중요관리점(CCP) 점검표 ·· 136
3. 중요관리점(CCP) 검증점검표 ··································· 140
4. 연간 검증 계획서 ·· 142
5. 검증 점검표 ·· 143
6. 검증결과 보고서 ·· 144
7. 검증 개선조치 결과보고서 ······································ 145
8. 연간 교육·훈련 계획서 ··· 146
9. 교육일지 ·· 147
10. 작업장 위생관리 점검표 ·· 148
11. 개인 위생관리 점검표 ··· 149
12. 온·습도, 조도 점검표 ··· 150
13. 방충·방서 점검표 ··· 151
14. 시설·설비·제조도구 점검표 ···································· 152
15. 검·교정 대상 ··· 153
16. 자체 검·교정 일지 ·· 154
17. 시설·설비 이력카드 ··· 159
18. 폐기물 처리 점검표 ··· 160
19. 입·출고 및 재고 점검표 ·· 161
20. 육안검사 기준 및 일지 ··· 162
21. 제품검사 성적서 ·· 164
22. 공중낙하세균 검사 성적서 ······································ 165
23. 표면오염도 검사 성적서 ·· 166
24. 부적합제품 관리 점검표 ·· 167
25. 협력업체 점검표 ·· 168
26. 용수검사 성적서 ·· 169
27. 용수관리 점검표 ·· 170
28. 클레임 관리 일지 ··· 171
29. 회수관리 일지 ··· 172
30. 공정관리 확인사항 ·· 176

☐ 기록관리(점검표) 1. 업무 인수인계서

업무 인수인계서 (자사 기준 반영하여 수정 후 사용)	결재	작성자	검토자	승인자

인계자	부서		직위	
	기간			
	사유			
	본인의 업무에 대하여 아래와 같이 인계함 . . . (서명)			

업무사항

서류사항

| 인수자 | 부서 | | 직위 | |
| | 인계자의 업무에 대하여 인수함
. . .
(서명) | | | |

□ **기록관리(점검표) 2. 중요관리점(CCP) 점검표**

CCP-BP(원료 세척) 모니터링 일지 (자사 기준 반영하여 수정 후 사용)		결재	작성자	검토자	승인자
작성일			담당자		
한계기준	○ 원료량(00kg 이하), 세척수량(00ℓ 이상/분), 세척시간(00~00분), 세척횟수(0회), 세척수 교체주기(00kg 세척 후 또는 00시간 후 또는 00회 세척 후)				
주 기	작업 시작 시, 작업 종료 전, 작업 중 0시간마다(또는 작업 중 0회)				
방 법	○ 원료량 : 저울을 이용하여 무게를 측정한다. ○ 세척수량 : 세척조에 부착된 수량계나 저울을 이용하여 수량을 측정한다. ○ 세척시간 : 타이머를 이용하여 시간을 측정한다. ○ 세척횟수 : 육안으로 확인한다. ○ 세척수 교체주기 : 저울, 시간 등을 이용하여 측정한다.				

품목	점검시간	원료량(kg)	세척수량(ℓ/분)	세척시간(분)	세척횟수(회)	세척수 교체(kg)	결과
	:						적합/부적합
	:						적합/부적합
	:						적합/부적합
	:						적합/부적합
	:						적합/부적합
	:						적합/부적합
	:						적합/부적합
	:						적합/부적합
	:						적합/부적합

이탈내용	개선조치 및 결과	조치자	확 인

☐ 기록관리(점검표) 2. 중요관리점(CCP) 점검표(계속)

CCP-BP(기타농산물 세척) 모니터링 일지 (자사 기준 반영하여 수정 후 사용)		결재	작성자	검토자	승인자

작성일		담당자	

한계기준	○ 원료량(00kg 이하), 세척수량(00ℓ 이상/분), 세척시간(00~00분), 세척횟수(0회), 세척수 교체주기(00kg 세척 후 또는 00시간 후 또는 00회 세척 후)
주 기	작업 시작 시, 작업 종료 전, 작업 중 0시간마다(또는 작업 중 0회)
방 법	○ 원료량 : 저울을 이용하여 무게를 측정한다. ○ 세척수량 : 세척조에 부착된 수량계나 저울을 이용하여 수량을 측정한다. ○ 세척시간 : 타이머를 이용하여 시간을 측정한다. ○ 세척횟수 : 육안으로 확인한다. ○ 세척수 교체주기 : 저울, 시간 등을 이용하여 측정한다.

품목	점검시간	원료량(kg)	세척수량(ℓ/분)	세척시간(분)	세척횟수(회)	세척수 교체(kg)	결과
	:						적합/부적합
	:						적합/부적합
	:						적합/부적합
	:						적합/부적합
	:						적합/부적합
	:						적합/부적합
	:						적합/부적합
	:						적합/부적합
	:						적합/부적합
	:						적합/부적합

이탈내용	개선조치 및 결과	조치자	확 인

□ **기록관리(점검표) 2. 중요관리점(CCP) 점검표(계속)**

CCP-B(가열) 모니터링 일지 (자사 기준 반영하여 수정 후 사용)					결재	작성자	검토자	승인자
작성일					담당자			
한계기준	○ 가열온도(00℃이상), 가열시간(00±0분), 중심온도(00℃이상), 가열 종료 후 보관시간(0시간 이내)							
주 기	작업 시작 시, 작업 종료 전, 작업 중 0시간마다(또는 작업 중 0회)							
방 법	○ 가열온도, 중심온도 : 탐침온도계를 이용하여 온도를 측정한다. ○ 가열시간 : 타이머를 이용하여 시간을 측정한다. ○ 보관시간 : 가열 종료 후 사용시간까지 보관하는 시간을 타이머를 이용하여 측정한다.							

품목	점검시간	가열온도 (℃)	가열시간 (분)	중심온도 (℃)	가열 종료 시간	사용 완료 시간	결과
	:				:	:	적합/부적합
	:				:	:	적합/부적합
	:				:	:	적합/부적합
	:				:	:	적합/부적합
	:				:	:	적합/부적합
	:				:	:	적합/부적합
	:				:	:	적합/부적합
	:				:	:	적합/부적합
	:				:	:	적합/부적합
	:				:	:	적합/부적합

이탈내용		개선조치 및 결과	조치자	확 인

☐ 기록관리(점검표) 2. 중요관리점(CCP) 점검표(계속)

CCP-P(금속검출) 모니터링 일지 (자사 기준 반영하여 수정 후 사용)		결재	작성자	검토자	승인자

작성일			담당자	

한계기준	○ 금속이물(Fe 0mmφ, STS 0mmφ 이상) 불검출
주 기	○ 금속검출기 정상작동 여부 확인 : 작업 시작 전, 작업 종료 전, 작업 중 0 시간마다 ○ 금속검출기에 의한 공정품 확인 : 작업 중 상시
방 법	○ 금속검출기 감도 모니터링 - 표준시편만 통과하고 금속이물이 없는 것으로 확인된 공정품 통과 - 표준시편과 공정품을 함께 통과 ○ 금속검출기에 의한 공정품 확인 - 제품 금속검출기 통과

(범례 : 정상통과 ○, 비정상통과 ×)

품 목	점검시간	Fe 통과	STS 통과	제품 통과	Fe+제품	STS+제품	결과	서명
	:						적합/부적합	
	:						적합/부적합	
	:						적합/부적합	
	:						적합/부적합	
	:						적합/부적합	
	:						적합/부적합	
	:						적합/부적합	

비고	최초 통과 시간 :
	최종 종료 시간 :

이탈내용	개선조치 및 결과	조치자	확 인

☐ 기록관리(점검표) 3. 중요관리점 검증점검표

중요관리점(CCP) 검증점검표 (자사 기준 반영하여 수정 후 사용)		결재	작성자	검토자	승인자

점검일자			점검자		

공정	검증 내용		기 록	
			예	아니오
세척공정	종사자가 주기적으로 세척공정을 확인하고, 그 내용을 기록하고 있습니까?		☐	☐
	모니터링 일지 확인 : 00월 00일 ~ 00월 00일까지 00개 정상 작성 확인			
	종사자가 세척공정 모니터링 방법을 정확히 알고 있습니까?		☐	☐
	모니터링 행동 관찰 : 00월 00일 00시			
	종사자가 한계기준 이탈 시 실시해야 하는 개선조치 방법을 알고 있으며, 이탈 및 개선조치 내용이 기록되고 있습니까?		☐	☐
	모니터링 담당자 인터뷰 : 00월 00일 00시			
가열공정	종사자가 주기적으로 가열공정을 확인하고, 그 내용을 기록하고 있습니까?		☐	☐
	모니터링 일지 확인 : 00월 00일 ~ 00월 00일까지 00개 정상 작성 확인			
	종사자가 가열공정 모니터링 방법을 정확히 알고 있습니까?		☐	☐
	모니터링 행동 관찰 : 00월 00일 00시			
	종사자가 한계기준 이탈 시 실시해야 하는 개선조치 방법을 알고 있으며, 이탈 및 개선조치 내용이 기록되고 있습니까?		☐	☐
	모니터링 담당자 인터뷰 : 00월 00일 00시			
한계기준 이탈내용	개선조치 및 결과		조 치	확 인

☐ 기록관리(점검표) 3. 중요관리점 검증점검표(계속)

중요관리점(CCP) 검증점검표 (자사 기준 반영하여 수정 후 사용)		결재	작성자	검토자	승인자

점검일자			점검자		
공정	검증 내용			기 록	
				예	아니오
금속검출공정	종사자가 주기적으로 금속이물 검출을 확인하고, 그 내용을 기록하고 있습니까?			☐	☐
	모니터링 일지 확인 : 00월 00일 ~ 00월 00일까지 00개 정상 작성 확인				
	종사자가 금속검출공정 모니터링 방법을 정확히 알고 있습니까?			☐	☐
	모니터링 행동 관찰 : 00월 00일 00시				
	종사자가 한계기준 이탈 시 실시해야 하는 개선조치 방법을 알고 있으며, 이탈 및 개선조치 내용이 기록되고 있습니까?			☐	☐
	모니터링 담당자 인터뷰 : 00월 00일 00시				
한계기준 이탈내용	개선조치 및 결과			조 치	확 인

☐ 기록관리(점검표) 4. 연간 검증계획서

연간 검증계획서	결재	작성자	검토자	승인자

부 서:	확 인 자:
점 검 자:	작성일자:

검증대상	검증방법	1월	2월	3월	4월	5월	6월	7월	8월	9월	10월	11월	12월

☐ 기록관리(점검표) 5. 검증 점검표

검증 점검표		결재	작성자	검토자	승인자

부 서:		점 검 자:		확 인 자:	

검증종류	☐ 정 기 검 증 　　　 ☐ 수 시 검 증 　　　 ☐ 외 부 검 증			
검증팀	검증팀장		검증원	
	검증원		검증원	
구분	검증항목	점검내용		
내 용				
첨부물				

☐ **기록관리(점검표) 6. 검증결과 보고서**

<table>
<tr><td colspan="8" align="center">검증결과 보고서</td></tr>
<tr><td>검증부서</td><td colspan="4"></td><td>검증일자</td><td colspan="2"></td></tr>
<tr><td>검증목적
및 범위</td><td colspan="7"></td></tr>
<tr><td rowspan="3">검증팀구성</td><td>검증팀장</td><td colspan="2"></td><td colspan="2">작성일자</td><td colspan="2"></td></tr>
<tr><td rowspan="2">검증팀원</td><td colspan="2" rowspan="2"></td><td rowspan="2">결
재</td><td>작성자</td><td>검토자</td><td>승인자</td></tr>
<tr><td></td><td></td><td></td></tr>
<tr><td rowspan="4">검증결과
요약(총평)</td><td colspan="7">■ 평가방법</td></tr>
<tr><td colspan="7">■ 평가결과</td></tr>
<tr><td colspan="7">■ 부적합</td></tr>
<tr><td colspan="7">■ 개선사항</td></tr>
<tr><td>전회검증
시정조치
결과확인</td><td colspan="7"></td></tr>
<tr><td>적합성평가</td><td colspan="7">☐ 적합
☐ 개선필요</td></tr>
<tr><td>특기사항</td><td colspan="7"></td></tr>
<tr><td>첨부자료</td><td colspan="7">■ 내부 검증 점검표 (　) 부.
■ 시정 조치 요구서 (　) 부.</td></tr>
</table>

☐ 기록관리(점검표) 7. 검증 개선조치 결과보고서

검증 개선조치 결과보고서	결재	작성자	검토자	승인자

부 서:	점 검 자:	확 인 자:	작성일자:

개선조치 내용	
비 고	
개선 완료일	

☐ **기록관리(점검표) 8. 연간 교육·훈련 계획서**

연간 교육·훈련 계획서 (교육 주제를 선정하여 계획한 후 계획에 맞게 종사자 교육 실시)			결재	작성자	검토자	승인자
작성일				작성자		
구분	대상	교육내용	2016년											
			1월	2월	3월	4월	5월	6월	7월	8월	9월	10월	11월	12월
의무 교육	대표													
	공장장 또는 팀장													
	자체													
	대표													
사내 위생/ HACCP 교육														
모니터링 담당자 교육														
신입사원														
강사기준														

☐ **기록관리(점검표) 9. 교육일지**

<table>
<tr><td colspan="8" align="center">교육일지
(자사 기준 반영하여 수정 후 사용)</td></tr>
<tr><td>구 분</td><td colspan="2">☐ 사내교육　　☐ 사외교육</td><td rowspan="3">결
재</td><td>작성자</td><td>검토자</td><td colspan="2">승인자</td></tr>
<tr><td>교 육 명</td><td colspan="2"></td><td rowspan="2"></td><td rowspan="2"></td><td colspan="2" rowspan="2"></td></tr>
<tr><td>교육일자</td><td colspan="2">(　　　시간)</td></tr>
<tr><td colspan="3" align="center">사내교육</td><td colspan="5" align="center">사외교육</td></tr>
<tr><td>교육장소</td><td colspan="2"></td><td colspan="2">교육기관</td><td colspan="3"></td></tr>
<tr><td>강　　사</td><td colspan="2"></td><td rowspan="3">피
교
육
자</td><td>이 름</td><td colspan="3"></td></tr>
<tr><td>참 석 자</td><td colspan="2">(　　　명)</td><td>직 위</td><td colspan="3"></td></tr>
<tr><td>불참자처리</td><td>☐ 재 교 육</td><td>☐ 전달교육</td><td>부 서</td><td colspan="3"></td></tr>
<tr><td colspan="8" align="center">교육내용(요약)</td></tr>
<tr><td colspan="8" style="height:400px"></td></tr>
<tr><td colspan="2" align="center">사용교재</td><td colspan="6"></td></tr>
<tr><td colspan="2" rowspan="2" align="center">첨부서류</td><td>사내</td><td colspan="5">☐ 참석자 명단　　☐ 교 안　　☐ 기 타 (　　　　)</td></tr>
<tr><td>사외</td><td colspan="5">☐ 교육 수료증　　☐ 기 타 (　　　　)</td></tr>
</table>

☐ **기록관리(점검표) 10. 작업장 위생관리 점검표**

작업장 위생관리 점검표 (자사 기준 반영하여 수정 후 사용)		결재	작성자	검토자	승인

작성일			작성자	

항목	점검사항	점검결과				비고
		작업장1	작업장2	작업장3	작업장4	
바닥	바닥 청결상태가 양호한가?					
벽면	벽면에 먼지의 축적 등이 없이 청결한가?					
천정	응결수, 곰팡이 오염 및 청소상태는 양호한가?					
배수로	퇴적물이 없으며 청소 상태가 양호한가?					
출입구	출입문 및 손잡이 등은 청소 상태가 깨끗한가?					
환기시설	청소상태는 양호한가?					
배관	청소상태는 양호한가?					
조명	조명시설에 해충 등이 제거되었으며 청결한가?					
위생전실	청결 상태는 양호한가?					
유리창	유리창에 먼지가 제거 되었는가?					
쓰레기통	쓰레기통은 깨끗하게 비워 있는가?					
설비	컨베어 하부 청소 상태는 양호한가?					
	세병기 청소 상태는 양호한가?					
	주입기 위생상태는 양호한가?					
	EBI 위생상태는 양호한가?					
청소도구	청소 후 도구는 깨끗이 세척되어 지정된 장소에 보관하는가?					
운반카	세척, 소독하고 정해진 위치에 있는가?					

발생장소	이상발생 내역	개선조치 내역	조치결과

☐ 기록관리(점검표) 11. 개인 위생관리 점검표

개인 위생관리 점검표 (자사 기준 반영하여 수정 후 사용)		결재	작성자	검토자	승인자

작성일				작성자	

이름	건강상태 및 상처 유무	위생복, 위생모, 위생화 청결상태	개인소지품 소지 유무	작업자 위생상태	위생전실 절차 준수	손 세척, 소독 준수 여부

이름	이상발생 내역	개선조치 내역	조치결과

☐ **기록관리(점검표) 12. 온·습도, 조도 점검표**

온·습도, 조도 점검표 (자사 기준 반영하여 수정 후 사용)					결재	작성자	검토자	승인자

작성일				작성자				

점검일자/ 작업장 구분	조도 기준	온도 기준	습도 기준	모니터링			측정결과			이탈 시 조치사항
				방법	주기	담당자	조도	온도	습도	
				온도 : 작업실 비치 온도계 1회/일 온도관리 담당자 습도 : 작업실 비치 습도계 1회/일 습도관리 담당자 조도 : 조도계 이용 1회/주 조도관리 담당자						

☐ 기록관리(점검표) 13. 방충·방서 점검표

방충·방서 점검표
(자사 기준 반영하여 수정 후 사용)

결재	작성자	검토자	승인자

작성일		작성자	

설비명	설치위치	비래 해충						보행 해충					설치류		
		파리	나방	모기	하루살이	기타	합계	바퀴	거미	개미	기타	합계	쥐	기타	합계
포충등 1															
포충등 2															
포충등 3															
포충등 4															
포충등 5															
포충등 6															
바퀴트랩 1															
바퀴트랩 2															
바퀴트랩 3															
바퀴트랩 4															
바퀴트랩 5															
바퀴트랩 6															
바퀴트랩 7															
바퀴트랩 8															
쥐트랩 1															
쥐트랩 2															
쥐트랩 3															
쥐트랩 4															

이상장소	기준이탈	개선조치 내역	조치결과

☐ **기록관리[점검표] 14 시설·설비·제조도구 점검표**

시설·설비·제조도구 점검표 (자사 기준 반영하여 수정 후 사용)		점검일자	결재	작성자	검토자	승인자

관리항목	점검사항	모니터링			점검 결과	이탈 시 조치사항
		방법	주기	담당자		
에어 샤워	정상적으로 작동하며 내·외부는 이물 등이 제거되어 있어야 한다. (에어샤워기 설치의 경우에 한함)	육안	1회/일	생산 관리자		
세척·소독 시설	냉, 온수가 공급 되어야한다.	육안	1회/일	생산 관리자		
	위생장화 세척기와 주변은 이물 등이 제거되어 있어야 한다.	육안	1회/일	생산 관리자		
	손톱 세척솔, 세척용 비누, 손 건조기 등이 비치되어 있으며 손 세척 시설은 이물 등이 제거되어 있어야 한다.	육안	1회/일	생산 관리자		
자외선 살균 소독기	자외선 살균 소독기 내, 외부는 이물 등이 제거되어 있어야 한다.	육안	1회/일	생산 관리자		
	소독기내 기구들이 겹침 없이 관리되어야한다.	육안	1회/일	생산 관리자		
	주 1회 이상 청소 및 소독은 실시하여야한다.	육안	1회/일	생산 관리자		
탈의실	바닥, 벽, 천장, 조명, 문 등은 이물 등이 제거되어 있어야 한다.	육안	1회/일	생산 관리자		
	환기시설은 정상작동하며 이물 등이 제거되어 있어야 한다.	육안	1회/일	생산 관리자		
	위생복과 외출복은 구분하여 보관하고 탈의실내 불필요한 물건은 방치되어 있지 않아야한다.	육안	1회/일	생산 관리자		
기타						

☐ **기록관리(점검표) 15. 검·교정 대상**

검·교정 대상
(자사에 맞게 사진, 내용, 양식 수정하여 작성 및 운영 필요 - 1회/년)

검·교정 대상	공인기관 검·교정 일자	자체 검·교정 일자	차기 검·교정 예정 일자
저울 1			
저울 2			

☞ TIP ☜ 공인기관 검·교정 의뢰 시 한국인정기구 코라스에서 지역별 검·교정 업체 검색 가능
(http://www.kolas.go.kr/usr/inf/srh/InfoCrrcInsttSearchList.do)

☞ TIP ☜ 자체 검·교정 허용오차 기준
- 자체 검·교정 허용오차 기준은 별도의 기준은 없으나, "중소기업 HACCP적용 지침서"를 참고하면 저울은 ± 1% 온도계는 ± 1℃로 설정되어 있음
- 저울의 ±2%나 온도계의 ±2℃를 검·교정 오차범위로 설정할 경우 편차의 크기가 4%(℃)로 그 적합성 유무를 확인할 필요가 있으며, 보정하여 사용하는 것을 권고함

☐ **기록관리(점검표) 16. 자체 검·교정 일지**

자체 검·교정 일지 (자사에 맞게 작성 - 1회/년)	결재	작성자	검토자	승인자

검·교정 대상	검·교정 일자
냉장창고 1 판넬 온도계	

검·교정 방법	1. 감온봉(온도센서 장치)의 위치 확인: 온도가 가장 높게 측정되는 곳에 설치되어야 한다. 2. 공인기관에서 검·교정 받은 온도계 준비(측정 단위 0.1℃, 동일 온도범위를 측정할 수 있는 온도계) 3. 검·교정 온도계의 감온봉을 냉장, 냉동창고 내부의 감온봉과 나란히 부착(선이 긴 감온봉은 온도 표시기를 외부에 부착) 4. 10분 대기 후 검·교정 온도계로 측정한 값과 판넬 온도계와 비교(막대형 감온봉은 판넬 온도계 값을 먼저 측정 후 내부로 들어가 검·교정 온도계 값을 재빨리 측정) 후 기록 5. 검·교정 온도계와 판넬 온도계 값의 차이를 보정값으로 표시하여 값을 읽을 수 있도록 한다.
판정기준	±1℃
개선조치 방법	1. 판정 기준에 이탈 시 판넬 온도계 교정(또는 보정) 후 재측정하여 기준 이내로 수정 2. 교정(또는 보정) 불가능한 경우 온도계 교체 3. 교체 불가능한 경우 외부업체 의뢰

검·교정 온도계 사진	위치 고정 사진	결과 값 사진

검·교정 결과					
구분	검·교정 온도계 값(A)	판넬 온도계 값(B)	오차 (A-B)	보정 값	합격 판정
1차	-16.0	-18.0	2.0		불합격
2차	-18.0	-18.0	0.0	0.0	합격

이탈 내용	개선조치 및 결과
1차 불합격 판정	판넬 온도계 보정 후 2차 재 측정하여 합격 판정

☐ **기록관리(점검표) 16. 자체 검·교정 일지(계속)**

자체 검·교정 일지 (자사에 맞게 작성 - 1회/년)		결재	작성자	검토자	승인자
검·교정 대상			검·교정 일자		
저울 (검·교정된 표준분동을 사용할 경우) ||				
검·교정 방법	1. 공인기관에서 검·교정 받은 표준분동(측정값의 낮은/측정/높은 무게를 측정할 수 있는 분동) 준비 2. 평평한 곳에서 저울의 영점을 조정한다. 3. 각 표준분동을 저울에 올리고 저울의 지시값을 기록 후 평균값을 기록한다. 4. 보정률을 구한다. (지시값 평균값 ÷ 표준분동 평균값) 5. 보정률이 적합이면 사용 시에 보정률 또는 편차값을 표시하여 값을 읽을 수 있도록 한다.				
판정기준	±1%				
개선조치 방법	1. 보정 불가능한 경우 저울 교체 2. 교체 불가능한 경우 외부업체 의뢰				
표준 분동 사진	낮은 무게 사진		측정 무게 사진		높은 무게 사진

검·교정 결과

측정값				보정률	합격 판정
구분	표준분동값	측정값			
낮은 단계	2.25kg	2.25kg			
측정 단계	2.50kg	2.50kg		0.0%	합격
높은 단계	2.75kg	2.75kg			
평균값	2.50kg	2.50kg			
저울 중앙에서 측정					

예시-저울 최대 측정값이 3kg이고 자사에서 사용하는 측정값은 2.5kg일 경우

이탈 내용	개선조치 및 결과

☐ **기록관리(점검표) 16. 자체 검·교정 일지(계속)**

 자체 검·교정 일지 (자사에 맞게 작성 - 1회/년)		결재	작성자	검토자	승인

검·교정 제품명	검·교정 일자
저울 (검·교정된 표준저울을 사용할 경우)	
검·교정 방법	1. 공인기관에서 검·교정 받은 표준저울(측정값과 동일한 저울) 준비 2. 자체 분동을 준비(뚜껑이 있는 용기 3개에 낮음/측정/높은 무게를 달리하여 수돗물을 담는다) 3. 평평한 곳에서 각각 저울의 영점을 조정한다. 4. 각 자체분동을 검·교정 저울에 올리고 지시값 기록, 대상 저울에 올리고 지시값을 기록한 후 평균값을 기록한다. 5. 보정률을 구한다. (지시값의 평균값 ÷ 검·교정 저울 평균값) 6. 보정률이 적합이면 사용 시에 보정률 또는 편차값을 표시하여 값을 읽을 수 있도록 한다.
판정기준	±1%
개선조치 방법	1. 보정 불가능한 경우 저울 교체 2. 교체 불가능한 경우 외부업체 의뢰

자체 분동 제작 사진	낮은 무게 사진	측정 무게 사진	높은 무게 사진

검·교정 결과

측정값		보정률	합격 판정
<table><tr><th>구분</th><th>지시값</th></tr><tr><td>낮은 단계</td><td>2.25kg</td></tr><tr><td>측정 단계</td><td>2.50kg</td></tr><tr><td>높은 단계</td><td>2.75kg</td></tr><tr><td>평균값</td><td>2.50kg</td></tr></table> 검교정 저울 중앙에서 측정	<table><tr><th>구분</th><th>지시값</th></tr><tr><td>낮은 단계</td><td>2.25kg</td></tr><tr><td>측정 단계</td><td>2.50kg</td></tr><tr><td>높은 단계</td><td>2.75kg</td></tr><tr><td>평균값</td><td>2.50kg</td></tr></table> 대상 저울 중앙에서 측정	0.0%	합격
예시-검교정 저울 최대 측정 값 3kg이면 대상 저울도 최대 측정값이 3kg로 동일해야 함			

이탈 내용	개선조치 및 결과

☐ **기록관리(점검표) 16. 자체 검·교정 일지(계속)**

	자체 검·교정 일지 (자사에 맞게 작성 - 1회/년)	결재	작성자	검토자	승인자

검·교정 제품명	검·교정 일자
타이머 (모니터링 시간 기준으로 검교정 실시)	

검·교정 방법	1. 한국표준과학연구원 사이트에 접속하여 표준시각프로그램(UTck 3.1)을 다운로드함. URL : http://www.kriss.re.kr/2010/standard/12.html 2. 다운로드한 압축파일을 푼 후 설치 및 가동시킨다. 3. 프로그램과 대상 타이머를 동시에 시작하여 60초 이상 지났을 때 동시에 멈추어 프로그램과의 오차를 측정(모니터링 시간에 맞추어 멈추는 것을 권장: 모니터링 시간이 5분이면 5분 후 멈춤)
판정기준	±0초
개선조치 방법	1. 보정 후 재측정 2. 보정 불가능한 경우 타이머 교체

측정 전 제품 사진	시작점 사진	종료점 사진

검·교정 결과

표준 값(A) 시작점	타이머 값(B) 시작점	표준 값(A) 종료점	타이머 값(B) 종료점	오차 (A-B)	합격 판정
15:15:00	00:00	15:17:27	02:27	0	합격

이탈 내용	개선조치 및 결과

□ **기록관리(점검표) 16. 자체 검·교정 일지(계속)**

<div style="text-align:center">**자체 검·교정 일지** (자사에 맞게 작성 - 1회/년)</div>		결재	작성자	검토자	승인자

검·교정 제품명	검·교정 일자
수량계 (모니터링 수량 기준으로 검교정 실시)	
검·교정 방법	1. 검·교정이 완료된 저울을 준비한다. 2. 빈 용기를 이용하여 저울에 용기 무게를 측정하고 0점으로 세팅한다. 3. 세척조에 모니터링 수량 기준으로 유수량을 측정한 후, 수량계 눈금을 확인하고, 용기에 세척조에 담긴 물의 양을 측정하여 비교한다.
판정기준	±0ℓ
개선조치 방법	1. 검·교정 후 재측정 2. 검·교정 불가능한 경우 수량계 교체
수량계 사진	저울 사진

검·교정 결과

수량계 무게(A)	저울 무게(B)	오차 (A-B)	합격 판정
		0	합격

이탈 내용	개선조치 및 결과

☐ 기록관리(점검표) 17. 시설·설비 이력카드

시설·설비 이력카드
(자사 기준 반영하여 수정 후 사용)

결재	작성자	검토자	승인자

설비번호		모 델		제작국	
설 비 명		규 격		제작사	
구입일자		사용범위			

부위 해설		사 진	검·교정 이력		
부위	해설		검. 교정 일자	오차	결과
1			20 . .		
2			20 . .		
			20 . .		
3			20 . .		
			20 . .		
			20 . .		
			20 . .		
			20 . .		

사용 방법	
유지 보수 내역	
기타	

☐ **기록관리(점검표) 18. 폐기물 처리 점검표**

폐기물 처리 점검표 (자사 기준 반영하여 수정 후 사용)		점검일자	결재	작성자	검토자	승인자

1. 배출시설 가동 시간대

구분 \ 시간대						
과실 및 채소가공						
저장처리시설						

2. 방지시설 가동 시간대

구분 \ 시간대						
생물학적 처리시설						

3. 원료 또는 첨가제 등의 사용량

원료 또는 첨가제						
사용량 (kg)						

4. 용수공급원별 사용량과 폐수배출량

구분 \ 항목	전일지침 (㎥)	금일지침 (㎥)	사용량 (㎥/일)	검침 시간대
지하수				

구분 \ 항목	전일지침 (㎥)	금일지침 (㎥)	배출 및 사용량 (㎥/일)	검침 시간대
폐수 배출량				

	점검사항	판정 : 적합 (O) 부적합 (x))
청소상태	폐수처리장의 청소상태는 양호한가?	
정리상태	쓰레기등이 적재되어 있지 않으며 청소도구는 정리되어 있는가?	
비고		

☐ 기록관리(점검표) 19. 입·출고 및 재고 점검표

입·출고 및 재고 점검표 (자사 기준 반영하여 수정 후 사용)		결재	작성자	검토자	승인자

입·출고 내역   년   월   일

원재료						부재료					
입고일	입고처	품명	입고량	출고량	재고량	입고일	입고처	품명	입고량	출고량	재고량

부재료						포장재					
입고일	입고처	품명	입고량	출고량	재고량	입고일	입고처	품명	입고량	출고량	재고량

이탈발생품목	이상내용	조 치 내 용	확인사항	확인자

☐ **기록관리(점검표) 20. 육안검사 기준 및 일지**

<table>
<tr><td colspan="4" align="center">**육안검사 기준**
(자사에 맞게 수정)</td></tr>
<tr><td>검사구역</td><td>원료보관 창고 검수대</td><td>조도기준</td><td>540 LUX 이상</td></tr>
<tr><td>원부재료명</td><td colspan="3" align="center">검사 기준</td></tr>
<tr><td>원료
(농산물)</td><td colspan="3">- 원산지증명서 또는 성적서 구비
- 차량온도(냉장·냉동 식품에 한함)
- 차량상태: 내부 청결 유지하여야 적합
- 포장재: 외부오염이 없고, 파손 없고, 빗물에 젖지 않아야 적합
- 외관 : 짓무르지 않아야 함</td></tr>
<tr><td>내포장재</td><td colspan="3">- 성적서 구비: 반기별 성적서 구비 시 법적 항목 확인
- 차량상태: 내부 청결 유지하여야 적합
- 파렛트: 파손 없어야 함
- 외포장재: 외부오염이 없고, 파손 없고, 빗물에 젖지 않아야 적합
- 내포장재: 밀봉되어 있어야 적합
- 이물혼입: 개포 시(또는 후) 이물 혼입 없어야 함
- 표시사항: 표시기준 정상 유무 확인(표시사항 기재)</td></tr>
<tr><td></td><td colspan="3"></td></tr>
<tr><td></td><td colspan="3">☞ TIP ☜ 모든 원부재료 나열
   - 품목제조보고서에 해당되는 모든 원부재료 입고 검사 기준 작성 필요</td></tr>
<tr><td></td><td colspan="3"></td></tr>
</table>

□ **기록관리(점검표) 20. 육안검사 일지**

육안검사 일지

결재	작성자	검토자	승인자

(자사에 맞게 작성 - 매 입고 시 작성)(원부재료 입고 시 수기로 작성)

입고일시	품명	성적서 구비여부	성적서 항목 적합	유통기한	차량 온도	차량 상태	파렛트	외포장재	내포장재	성상	이물 혼입	표시 기준	적합여부	부적합 시 조치 내용
0000.00.00	내포장재	○	○	-	-	-	-	○	○	-	-		적합	

범례 - 적합 ○, 부적합 ×, 해당없음 -

☐ **기록관리(점검표) 21. 제품검사 성적서**

<table>
<tr><td colspan="2" rowspan="2">제품검사 성적서
(자사에 맞게 수정)</td><td rowspan="2">결재</td><td>작성자</td><td>검토자</td><td>승인자</td></tr>
<tr><td></td><td></td><td></td></tr>
<tr><td colspan="2">검체명</td><td colspan="4"></td></tr>
<tr><td colspan="2">제조년월일, LOT No, 또는 유통기한</td><td></td><td>검사일자</td><td colspan="2">20 . . .</td></tr>
<tr><td colspan="4">검사 성적 결과</td><td colspan="2">판정 결과(적합/부적합)</td></tr>
<tr><td colspan="2">검사항목 \ 구분</td><td>검사 기준</td><td>검사결과</td><td colspan="2"></td></tr>
<tr><td colspan="2">성 상</td><td>고유의 색택과 향미를 가지고 이미·이취가 없어야 함</td><td></td><td colspan="2"></td></tr>
<tr><td colspan="2">리스테리아</td><td></td><td></td><td colspan="2"></td></tr>
<tr><td colspan="2">장출혈성대장균</td><td></td><td></td><td colspan="2"></td></tr>
<tr><td colspan="2"></td><td></td><td></td><td colspan="2"></td></tr>
<tr><td colspan="2">기타</td><td colspan="4"></td></tr>
<tr><td colspan="2">종합판정</td><td colspan="4"></td></tr>
<tr><td colspan="6">위의 분석결과는 당사 품질관리팀에서 시험한 결과임.

판정일자 :   20   년   월   일   검사(판정)자 :</td></tr>
<tr><td colspan="2">검체의 채취방법</td><td colspan="4"></td></tr>
<tr><td colspan="2">검사결과의 통지방법</td><td colspan="4"></td></tr>
</table>

☐ 기록관리(점검표) 22. 공중낙하세균 검사 성적서

공중낙하세균 검사 성적서 (자사에 맞게 수정)		결 재	작성자	검토자	승인자
구역명		청결구역, 일반구역			
채취일자			검사일자	20 . . .	
검사 성적 결과				판정 결과(적합/부적합)	

위치 \ 구분	검사항목	검사기준	검사결과		
			청소 전	청소 후	
내포장실	세균수				
	대장균군				
기타					
종합판정					

위의 분석결과는 당사 품질관리팀에서 시험한 결과임.

판정일자 :   20 년   월   일   검사(판정)자 :

검체의 채취방법	
검사결과의 통지방법	

□ **기록관리(점검표) 23. 표면오염도 검사 성적서**

<table>
<tr><td colspan="3" rowspan="2">표면오염도 검사 성적서
(자사에 맞게 수정)</td><td rowspan="2">결
재</td><td>작성자</td><td>검토자</td><td>승인자</td></tr>
<tr><td></td><td></td><td></td></tr>
</table>

구역명		청결구역, 일반구역	
채취일자		검사일자	20 . . .

검사 성적 결과					판정 결과(적합/부적합)
위치 \ 구분	검사항목	검사기준	검사결과		
			세척 전	세척 후	
작업대 위	세균수				
	대장균군				
기타					
종합판정					

위의 분석결과는 당사 품질관리팀에서 시험한 결과임.

판정일자 :   20 년   월   일   검사(판정)자: (인)

검체의 채취방법	
검사결과의 통지방법	

☐ 기록관리(점검표) 24. 부적합제품 관리 점검표

부적합제품 관리 점검표 (자사에 맞게 수정)		결재	작성자	검토자	승인자
제품명					
수량			제조일자 또는 LOT No		
부적합 내용						
조치사항		☐ 재작업　　☐반품　　☐ 폐기			

☐ 기록관리(점검표) 25. 협력업체 점검표

협력업체 점검표 (자사에 맞게 수정)		점검일자	결재	작성자	검토자	승인자
협력업체명			점검자			
구분	항목	기준	배점	결과		비고
기본 요건	영업신고(허가)					
	공장등록증					
	품목제조보고서					
생산능력	원료 수불서류					
	표시사항					
위생	건강진단					
	위생교육					
	수질검사					
	공장 위생상태					
	설비관리 상태					
검사	제품검사					
	검사능력					
	검사원					
운반	차량위생상태					
기타 필요사항						

☐ 기록관리(점검표) 26. 용수검사 성적서

용수검사 성적서 (자사에 맞게 수정)		결 재	작성자	검토자	승인자

구역명	청결구역, 일반구역		
채취일자		검사일자	20 . . .

위치 \ 구분	검사항목	검사기준	검사결과	판정 결과
세척실 수도 (일반구역)	일반세균수			
	총대장균군			
	대장균/ 분원성대장균군			
기타				
종합판정				

위의 분석결과는 당사 품질관리팀에서 시험한 결과임.

판정일자 :   20   년   월   일   검사(판정)자: (인)

검체의 채취방법	
검사결과의 통지방법	

☐ **기록관리(점검표) 27. 용수관리 점검표**

<table>
<tr><td colspan="3" rowspan="2">용수관리 점검표
(자사에 맞게 수정)</td><td>점검기간</td><td rowspan="2">결재</td><td>작성자</td><td>검토자</td><td>승인자</td></tr>
<tr><td></td><td></td><td></td><td></td></tr>
<tr><td colspan="3">점검주기</td><td colspan="2">1회 / 주</td><td>범 례</td><td colspan="2">양호[○], 불량[×]</td></tr>
<tr><td colspan="8">점 검 사 항</td></tr>
<tr><td colspan="3" rowspan="2">구 분</td><td colspan="2" rowspan="2">점검항목</td><td colspan="5">점검일자 및 결과</td></tr>
<tr><td>1주
(/)</td><td>2주
(/)</td><td>3주
(/)</td><td>4주
(/)</td><td>5주
(/)</td></tr>
<tr><td rowspan="7">용수저장탱크</td><td rowspan="2">주변</td><td colspan="3">쓰레기 등 불필요한 물건이 방치되어 있지 않는가?</td><td></td><td></td><td></td><td></td><td></td></tr>
<tr><td colspan="3">청소상태는 깨끗한가?</td><td></td><td></td><td></td><td></td><td></td></tr>
<tr><td rowspan="2">상부</td><td colspan="3">잠금장치는 제대로 설치되어 있는가?</td><td></td><td></td><td></td><td></td><td></td></tr>
<tr><td colspan="3">오염원은 없는가?</td><td></td><td></td><td></td><td></td><td></td></tr>
<tr><td rowspan="3">내부</td><td colspan="3">균열 혹은 누수는 없는가?</td><td></td><td></td><td></td><td></td><td></td></tr>
<tr><td colspan="3">침전물은 없는가?</td><td></td><td></td><td></td><td></td><td></td></tr>
<tr><td colspan="3">부유물질은 없는가?</td><td></td><td></td><td></td><td></td><td></td></tr>
<tr><td rowspan="5">공급시설</td><td rowspan="3">배관</td><td colspan="3">균열 혹은 누수는 없는가?</td><td></td><td></td><td></td><td></td><td></td></tr>
<tr><td colspan="3">접합부는 제대로 고정되어 있는가?</td><td></td><td></td><td></td><td></td><td></td></tr>
<tr><td colspan="3">침전물 등의 발생은 없는가?</td><td></td><td></td><td></td><td></td><td></td></tr>
<tr><td rowspan="2">급수펌프</td><td colspan="3">정상적으로 작동하는가?</td><td></td><td></td><td></td><td></td><td></td></tr>
<tr><td colspan="3">접합부는 제대로 고정되어 있는가?</td><td></td><td></td><td></td><td></td><td></td></tr>
<tr><td colspan="5">점 검 자 (서 명)</td><td></td><td></td><td></td><td></td><td></td></tr>
<tr><td colspan="8">이 탈 사 항</td></tr>
<tr><td>발생일자</td><td colspan="2">발생장소</td><td colspan="2">이탈내역</td><td>조치내역 및 결과</td><td>조치일자</td><td>조치자</td><td>확인자</td></tr>
<tr><td></td><td colspan="2"></td><td colspan="2"></td><td></td><td></td><td></td><td></td></tr>
</table>

☐ **기록관리(점검표) 28. 클레임 관리 일지**

클레임 관리 일지 (자사에 맞게 수정)		결재	작성자	검토자	승인자
작성자			발생 장소	소비자 클레임 발생 장소	
발생 날짜	20 . . .					
발생 내용					
발생 원인 등 사진 첨부	신고자 : 클레임 요청 내용 :				
개선 후 사진 첨부	클레임 역학 조사 내용 :				
개선 조치					
기타사항					

☐ **기록관리(점검표) 29. 회수관리 일지**

회수관리 (자사에 맞게 내용, 양식 수정하여 작성 및 운영 필요)	결재	작성자	검토자	승인자

1. 회수 관리를 위한 LOT형 관리

★ 추적 관리: 생산일지에 생산된 제품의 제조일자/유통기한 표시, 제품 거래 기록서에
　　　　　　출고되는 제품의 제조일자/유통기한 표시(100kg 출고 시
　　　　　　제조일자/유통기한이 다를 경우 각각 제조일자/유통기한 기록)하여 회수가
　　　　　　가능하도록 관리

2. 회수 발생 시 절차

제품 회수 상황 발생

↓

HACCP팀장에게 통보 - HACCP팀장은 회수 여부 결정

↓

회수 계획 수립

(1) 회수 대상 제품 관련정보
(2) 회수실시방법 수립
(3) 회수공표문, 회수문안 및 공표 방법 결정
(4) 회수처리 기간 및 방법 결정
(5) 생산량, 출고량, 재고량 확인

↓

해당업체(대리점 및 유통점)의 FAX 및 유선을 통한 회수문 통보

↓

제품 회수 실시

↓

제품 회수 결과 보고서 작성

↓

회수제품의 발생원인 분석 및 개선조치 작성 후 관리

3. 거래처 연락망

거래처명	주소	연락처	팩스	담당자	휴대폰	비고
@@식품	00시 00구 00동 00	00000-000	000-000-000	000	010-000-000	

4. 판매 조직도

```
                          @@식품
                            │
        ┌───────────────────┼───────────────────┐
    @@식품              @@하나 마트            @@유통
   000-000-0000        000-000-0000         000-000-0000
        │                   │                   │
   ┌────┼────┐         ┌────┼────┐         ┌────┼────┐
 OO대리점 OO대리점 OO대리점              A판매점 B판매점 C판매점
000-000-0000 000-000-0000 000-000-0000   000-000-0000 000-000-0000 000-000-0000
```

5. 회수 안내문

식품 회수 안내문
회수제목 예시 1: 식품위생법 제73조의 규정에 의하여 관련기관으로부터 공표명령을 받아 아래의 제품을 긴급회수 합니다. 회수제목 예시 2: 식품위생법 제45조의1 규정에 의하여 아래의 제품을 자율회수 합니다.

1. 회수제품명	
2. 생산 공장	
3. 유통기한	
4. 회수사유	
5. 회수 방법	
6. 회수 영업자	
7. 영업자 주소	
8. 연락처	
기타	

※ 자세한 내용은 식약처 위해식품 회수지침 전문을 참조하세요

☐ **기록관리(점검표) 30. 공정관리 확인사항**

공정관리 확인사항 (자사에 맞게 수정)		확인일자	결 재	작성자	검토자	승인자
		점검자					

공정명	관리사항	점검결과	개선조치
입고	원료 및 부원료 관리는 적절한가? 원료 및 부원료 기준 규격 검사 결과: 기록 확인		
보관	원료 및 부원료의 보관은 적절한가? - 보관온도 또는 습도: 기록 확인		
부재료 관리	포장재, 기구 및 용기는 적절히 관리하고 있는가? - 부자재 등에 대한 관리기준작성여부: 기록 확인 - 부자재에 대한 기준및규격검사결과: 기록 확인		
공정	※ 해당식품 공정에 따라 작성관리 - 해당 공정에서 조도관리: 기록 확인 - 해당 공정실 온도 또는 습도: 기록 확인 - 해당 공정 가공조건(온도, 시간 등): 기록 확인 - 해당 공정 작업자, 제조시설 위생관리상태: 기록 확인 - 해당 공정에서 반제품 관리기준: 기록 확인 - 해당 공정 사용용수 위생상태(세균수 등): 기록 확인 - 해당실 위생상태: 기록 확인		
완제품 보관	완제품 보관은 적절히 관리하고 있는가? - 보관창고 온도 또는 습도: 기록 확인 - 보관실 위생상태: 기록 확인		
출하	운반차량은 적절히 관리하고 있는가? - 운반차량 온도: 기록 확인 - 운반차량 위생상태: 기록 확인		
검사 관리	검사 관리는 적절히 이루어지고 있는가? - 완제품 검사 기준 및 규격: 기록 확인 - 완제품 검사기준 및 규격검사결과: 기록 확인 - 검사장비등 검·교정방법: 기록 확인 - 검·교정결과: 기록 확인		

해썹은 식품안전관리를 위해 필요한 조치의 기준을 자발적으로 정한 것으로서 조치의 적절성뿐만 아니라 지속적인 준수여부가 성공적인 해썹의 중요한 요소입니다. 따라서, 운영 과정에서 발생하는 문제점을 기록·개선하는 노력을 통하여 더욱 철저하게 관리될 수 있도록 해썹 프로그램을 지속적으로 발전시켜야 할 것입니다.

편집위원장 : 윤형주
감 수 위 원 : 강석연, 오혜영
편 집 위 원 : 김세환, 백남이, 김미자, 성현이, 임종현, 이광재,
　　　　　　 김성조, 김동주, 정보용, 이혜연, 오원준, 심유미,
　　　　　　 조아라, 최규덕

김치 해썹(HACCP) 관리

초판 인쇄 2017년 05월 01일
초판 발행 2017년 05월 10일
저　자 식품의약품안전처, 한국식품안전관리인증원
발행인 김갑용
발행처 진한엠앤비
주소 서울시 서대문구 독립문로 14길 66 205호
　　　(냉천동 260, 동부센트레빌아파트상가동)
전화 02) 364 - 8491(대) / 팩스 02) 319 - 3537
홈페이지주소 http://www.jinhanbook.co.kr
등록번호 제25100-2016-000019호 (등록일자 : 1993년 05월 25일)
ⓒ2017 jinhan M&B INC, Printed in Korea

ISBN　979-11-290-0051-4　(93590)　　[정가 18,000원]

☞ 이 책에 담긴 내용의 무단 전재 및 복제 행위를 금합니다.
☞ 잘못 만들어진 책자는 구입처에서 교환해드립니다.
☞ 본 도서는 [공공데이터 제공 및 이용 활성화에 관한 법률]을 근거로
　 출판되었습니다.